KRAUSSMAFFEI

150 Jahre Fortschritt durch Technik

1838 — 1988

150 Jahre Krauss-Maffei —
150 Jahre Fortschritt durch Technik

Joseph Anton von Maffei entschloß sich in den Anfangsjahren des Eisenbahnbaus auf dem europäischen Kontinent, den Lokomotivbau im Königreich Bayern in Gang zu bringen. Hierzu erwarb er von der Witwe Franziska Lindauer die nördlich von München gelegene „Hofhammerschmiede" auch „Lindauer'scher Hammer" genannt.

Das Gründungsjahr der Firma J.A. Maffei als der älteren der beiden Vorgängerfirmen des Hauses Krauss-Maffei wird verschieden angegeben. J.A. von Maffei lieferte 1864 seine 500. Lokomotive ab und feierte gleichzeitig das 25jährige Bestehen seines Unternehmens. Das Gründungsjahr wäre demnach 1839 gewesen. Das hundertjährige Jubiläum von Krauss-Maffei wurde 1937 gefeiert. Eindeutig fest liegt jedoch der 20. März 1838 als Datum des Kaufvertrages. Es ist wahrscheinlich, daß 1837, dem Gründungsjahr der München-Augsburger-Eisenbahn, Maffei's Entschluß, Lokomotiven zu bauen, schon feststand und er wohl auch schon mit der Witwe Lindauer Kaufverhandlungen führte, die dann aber erst Anfang 1838 zum Abschluß gebracht werden konnten. Der Kaufvertrag nennt den 29. Januar 1838 als den Tag, an dem die Schmiede übergeben wurde. „Von diesem Tage an führt der Herr Käufer das Geschäft auf seine Rechnung und hat auch von diesem Tage an alle laufenden Kapitalzinsen, Staats-, Haus- und Kommunallasten zu tragen."

Als Lokomotivbauer waren sowohl Maffei als auch ab 1866 Krauss von Anfang an dem Behördengeschäft verschrieben. Und von Anfang an waren sie, wie ab 1931 das vereinte Unternehmen Krauss-Maffei, gezwungen, mehr oder weniger große Lücken bei den Beschaffungen der öffentlichen Auftraggeber auszugleichen. Aufbau und Pflege eines tragfähigen Privatkundengeschäfts hatten deshalb immer entscheidende Bedeutung. Beide Unternehmen waren nie nur reine Lokomotivbauer wie ebenso wenig Krauss-Maffei später nur Panzerbauer gewesen ist.

Diese Broschüre belegt durch Fotos den Beitrag, den die Häuser Maffei, Krauss und Krauss-Maffei in 150 Jahren für den Fortschritt durch Technik geleistet haben.

Das Eisenwerk Hirschau bei München, die Lokomotivfabrik des Joseph Anton von Maffei

Bei den ersten Bahnbauten in Bayern erscheint immer wieder der Name des Joseph Anton Ritter von Maffei. Er wurde am 4. September 1790 in München geboren, sein begüterter Vater war aus Italien zugezogen. Dort bildeten die Maffeis ein weitverzweigtes Adels- und Handelsgeschlecht. Der 1668 erbaute Palazzo Maffei steht noch heute an der Nordseite der Piazza delle Erbe in Verona. Nach einer umfassenden kaufmännischen Ausbildung in großen Handelshäusern Italiens und der Schweiz übernahm Maffei die väterliche Tabakfabrik im Münchner Lehel. Mit beiden Beinen fest im wirtschaftlichen und politischen Leben der Stadt München und des Königreichs Bayern verankert, hat er unter anderem die Bayerische Hypotheken- und Wechselbank und das Hotel Bayerischer Hof mitbegründet. Außerdem war er Mitglied des Münchner Magistrats, des bayerischen Landtags und der Ständeversammlung sowie Oberst der Landwehr.

Sein besonderes Interesse aber galt dem Eisenbahnbau. So wurde er Vorstandsvorsitzender der München-Augsburger-Eisenbahn. Diese Bahnlinie wurde, wie die erste deutsche Eisenbahn von Nürnberg nach Fürth, als Privatbahn in Teilstücken vom 25. August 1839 an eröffnet, aber bereits 1844 vom bayerischen Staat gekauft, nachdem sich die Regierung zum Staatsbahnprinzip bekannt hatte.

Maffei schrieb an König Ludwig I. von Bayern, „daß es notwendig sei, alles Eisenbahnmaterial im eigenen Land herzustellen, um unabhängig vom Ausland zu werden. Er habe zu diesem Zweck das Lindauer'sche Hammerwerk, eine Eisenschmiede mit kleinem Walzwerk, erworben und zu einer Maschinenfabrik mit Gießerei und Kesselschmiede umgestaltet. Seine erste, mit eigenen Mitteln erbaute Lokomotive stehe dort vor der Vollendung."

Der Lindauer'sche Hammer lag weit nördlich der damaligen Münchner Stadtgrenze in einem mit Wasserkraft versorgten Gelände an der Isar, mit Flurnamen „Hirschau". So firmierte die Lokomotivfabrik J. A. Maffei zunächst viele Jahre unter „Eisenwerk Hirschau". Die Wasserkraft hatte die Wahl des Standorts beeinflußt, für den Abtransport der fertigen Lokomotiven aber war er äußerst ungünstig. Denn die erste Münchner Eisenbahn endete am Westrand der Stadt und es hat bis 1901 gedauert, bis ein Gleisanschluß durch den Englischen Garten zum Bahnhof Schwabing genehmigt wurde. Bis dahin mußten die Lokomotiven — insgesamt über 2000 — auf Straßenfahrzeuge verladen und von vielen Pferden gezogen, durch die ganze Stadt zur Zentralwerkstätte der Eisenbahn gebracht und dort mit den separat transportierten Radsätzen erneut zusammengebaut werden.

1865
Joseph Anton Ritter von Maffei,
der Begründer des Münchener
Lokomotivbaus.

Allein mit dem Lokomotivbau konnte Maffei
in den Anfangsjahren das Eisenwerk Hirschau
mit bald einigen hundert Beschäftigten nicht
auslasten. So inserierte er am 15. Januar 1843
in der „Allgemeinen Zeitung", Augsburg:

[297—99]

Eisenwerk Hirschau bei München.

Nachdem der Unterzeichnete sein Hammer= und Walzwerk vervollständigt und erweitert, seine Gießerei gänzlich neu und jeder Anforderung entsprechend eingerichtet, dann das Maschinen=Atelier mit den kräftigsten und vollkommensten Hülfsmaschinen und Werkzeugen versehen hat, so empfiehlt er sein obengenanntes Eisenwerk zu geneigten Aufträgen für jede Gattung von **Hammer=, Kessel= und Maschinen=Schmiedarbeit,** von Walzeisen jeder Sorte, von **Kunstmaschinen=** und grobem **Eisenguß,** so wie für

Anfertigung von vollständigen **Dampf=** und sonstigen **Kraftmaschinen** jeder Constructionsart, von **Betriebsmaschinen** für **Manufacturen, Fabriken, Eisenbahnen** ꝛc , von **Werkzeugmaschinen** jeder Gattung, von einer privilegirten **Rotationspumpe,** ihrer Einfachheit und Wirkung wegen für **Haus=, Fabrik=** und **Brauereibesitzer** vorzüglich geeignet, dann von **Pump=** und **Wasserwerken, Gebläsen, Walzwerken, Mühlen,** von mechanisch architektonischen, so wie **Civil=Baugegenständen,** von militärischen, bürgerlichen und landwirthschaftlichen **Geräthschaften** ꝛc. so wie allen dahin einschlägigen **Fabricaten.**

Indem sich das Werk in der Lage befindet, selbst die umfassendsten Aufträge mit größter Pünktlichkeit zu erledigen, und in allen Theilen mit Aufmerksamkeit und Kunstfertigkeit auszuführen, wird auch fortdauernd besondere Sorge dahin gerichtet, mit den Preißstellungen allgemein zu befriedigen, um auch in dieser Beziehung die Gunst der geehrten Besteller zu erwerben und zu erhalten.

Gefällige schriftliche Aufträge werden unter der Adresse an J. A. Maffei **Eisenwerk Hirschau** München erbeten.

München, den 15 Januar 1843.   Jos. v. Maffei.

Maffei, der ja selbst kein Techniker war, engagierte den englischen Ingenieur Joseph Hall als Direktor für seine Fabrik. Hall war 1839 zur Montage der sechs in England bei Stephenson und zwei weiteren Lokfabriken für die München-Augsburger-Eisenbahn gekauften Lokomotiven nach München gekommen. Unter seiner Anleitung wurde die erste Münchner Lokomotive gebaut und nahezu gleichzeitig mit den ersten Lokomotiven von Borsig in Berlin und Kessler in Karlsruhe fertiggestellt. Am 13. Oktober 1841 erfolgte die Probefahrt auf der Strecke nach Augsburg. Mit einer mittleren Geschwindigkeit von 32 km/h auf der Horizontalen bei 161 Tonnen Anhängelast wurde die Leistung der englischen Vorbilder übertroffen. König Ludwig I. gab dem „Dampfwagen" auf ein Gesuch Maffei's den Namen „Der Münchner". Damit war die Lokomotive aber noch nicht verkauft. Es hat bis 1845 gedauert, bis sie nach langem Hin und Her von der Bayerischen Staatsbahn übernommen und unter der Nummer 25 in deren Lokomotivpark eingereiht wurde.

1843 wurde noch ein zweiter Engländer, George Jon Ashton, angeworben. Er ist durch Heirat in München seßhaft geworden und hat das Werk in der Hirschau nach dem Weggang von Hall von 1857 bis 1876 geleitet. Bereits 1847 wurden von den beiden englischen Ingenieuren für die „Schiefe Ebene" dreifach gekuppelte Lokomotiven konstruiert. Diese Bauart hat sich bei Güterzuglokomotiven bis in das 20. Jahrhundert hinein gehalten und auch heute, nach 150 Jahren, werden bei Krauss-Maffei noch dreiachsige Lokomotiven mit dieselhydraulischem oder dieselelektrischem Antrieb als Rangier- und Industrielokomotiven gebaut.

Bemerkenswert ist die erste Lokomotivbestellung der Kgl. Bay. Eisenbahn-Commission aus dem Jahre 1844. Die Bestellung erfolgte nicht nur bei Maffei, sondern dieser mußte sich mit Kessler & Martiensen in Karlsruhe und Meyer & Comp. in Mühlhausen/Elsaß den Auftrag zu je 8 Stück teilen. Den drei Firmen war auferlegt, daß alle Teile an den 24 Lokomotiven untereinander austauschbar sein müssen und daß sie bei Überschreitung des Liefertermins eine Konventionalstrafe in Höhe von 25% zu entrichten haben. Daß eine der drei Lieferfirmen die Strafe gezahlt hätte, ist nicht überliefert.

Am 10. März 1849 erschien in der „Leipziger Illustrirten Zeitung" ein sehr ausführlicher, mit drei Ansichten in Form von Holzschnitten versehener Bericht, in dem das Eisenwerk und seine Einrichtungen im Detail beschrieben wurden, eine frühe Form von Public Relations.

Joseph Anton von Maffei war nicht nur ein weitblickender Kaufmann und wagemutiger Unternehmer. Die Fürsorge für die ihm anvertrauten Menschen war ihm Zeit seines Lebens ein besonderes Anliegen. So sorgte er für Ausbildung, Unterstützung und Altersversorgung seiner Mitarbeiter. Die schon bald errichtete Unterstützungskasse für die Arbeiter des Eisenwerks Hirschau hat er immer wieder und auch in seinem Testament mit großzügigen Zahlungen bedacht.

Der Durchbruch im Lokomotivbau gelang 1851. Mit seiner 72. Lokomotive, „Bavaria", gewann Maffei den 1. Preis beim „Semmering-Wettbewerb" um die leistungsfähigste Steilrampen-Lokomotive und dieser Erfolg brachte einen gewaltigen Aufschwung. Bereits 1864 wurde die 500. Lokomotive ausgeliefert und als Maffei am 1. September 1870 im Alter von 80 Jahren starb, war sein Unternehmen mit Lieferungen in zahllose Länder weltbekannt. Er hinterließ die Firma seinem Neffen Hugo von Maffei.

1838

Der Lindauer'sche Hammer, die sog. Hofhammerschmiede in der Hirschau, von der Witwe Lindauer für 57.500 Gulden erworben, wurde zur Keimzelle der Maffei'schen Fabrik. 1839 sind 160 Arbeiter und Taglöhner beschäftigt.

1844

Die Lokomotive „Bavaria", Fabriknummer 2, gehörte zum ersten Auftrag über 8 Lokomotiven für die Kgl. Bay. Staatsbahn zum Einsatz auf der Strecke Nürnberg — Bamberg. Maffei mußte die väterliche Tabakfabrik als Kaution einbringen, um diesen Auftrag zu erhalten.

1841

Die erste Lokomotive war nach englischem Vorbild erbaut und Maffei richtete am 9. September ein Gesuch an König Ludwig I. von Bayern: „Euer Königliche Majestät wollen dem in meiner Werkstätte erbauten ersten Bayerischen Dampfwagen den Namen Allergnädigst zu bestimmen geruhen. Indem ich der Gewährung dieses allerunterthänigsten Gesuchs von Eurer Königlichen Majestät Huld und Gnade entgegenharre, ersterbe in allertiefster Ehrfurcht Euer Königlichen Majestät allerunterthänigst treugehorsamster Joseph Anton von Maffei."

Mit einem handschriftlichen Vermerk des Königs erhielt er das Schreiben zurück: „Mit vielem Vergnügen erfuhr des Dampfwagens Erbauung aus München und dem ausgesprochenen Wunsche gemäß, daß ich ihm einen Namen geben möchte, soll er der „Münchner" heißen. Berchtesgaden 11 Septemb 41. Ludwig."

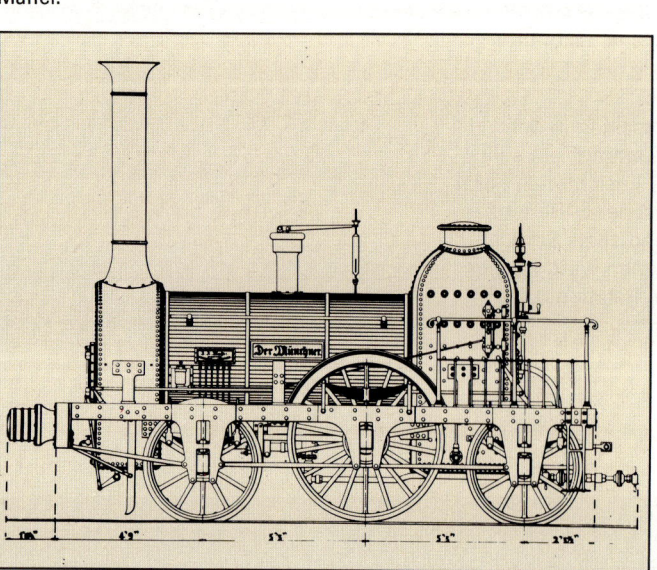

1845

Die Kgl. Bay. Staatsbahn hatte Maffei 1843 zwar einen Auftrag über die Lieferung von acht Lokomotiven erteilt, seine erste Lokomotive, den „Münchner", aber bis 1845 immer noch nicht abgekauft. Da richtete er ein Schreiben an König Ludwig I. „Es sind sechs Jahre, seitdem der 'Münchner' zu bauen angefangen wurde. Die Durchschnittszahl der in dieser Fabrik allein seither beschäftigten Arbeiter beläuft sich für ein Jahr auf 230. Jeder derselben, gering gerechnet, gebraucht zur Stillung seines Durstes des Tages 3 Maaß Bier, was in 6 Jahren 1511 100 Maaß betrug. Bekanntlich entrichtet die Maaß Bier beiläufig 1 Kreuzer ärarialischen Aufschlag, so entziffert sich an diesem einzigen Gefälle schon seither eine Staatseinnahme von ohngefähr 25 000 Gulden." Das wirkte. Für 24 000 Gulden hat die Kgl. Bay. Staatsbahn den „Münchner" gekauft und unter der Nummer 25 in ihren Lokomotivpark eingereiht. Das hier abgebildete Modell steht als Leihgabe von Krauss-Maffei im Deutschen Museum.

1846

200-PS-Dampfmaschine für die Mechanische Spinnerei Augsburg. Sie hatte die Fabriknummer 16 und kam zum Einsatz, wenn die Augsburger Stadtbäche in Trockenperioden nicht genügend Wasserkraft lieferten. Die „Allgemeine Zeitung", Augsburg, berichtete dazu am 3. September 1846:

Augsburg, 2. September. Auch dem heute stattgefundenen Manöver wohnte während seiner ganzen Dauer Se. Maj. der König, wie bisher jedesmal, zu Pferde bei. Nach Beendigung desselben kehrten Allerhöchstdieselben mit Ihrer zahlreichen glänzenden Begleitung kurz vor 3 Uhr Nachmittags in die Stadt zurück, und besuchten, obgleich die Mittagszeit schon so weit vorgerückt war, noch einige industrielle Unternehmungen — darunter die mechanische Baumwollenspinnerei und -Weberei, um die daselbst aufgestellte große Dampfmaschine aus der Maschinenfabrik von Maffei bei München in Augenschein zu nehmen, über deren Mächtigkeit und gelungene Ausführung Se. Maj. sich sehr vorteilhaft ausgesprochen haben soll.

1847

Mit Fabriknummer 39 wurde die B I-Lokomotive „Donau" an die Kgl. Bay. Staatsbahn geliefert. Sie war bis 1895 im Einsatz.

1848

Die C I-Lokomotive „Behaim" war die erste dreifach gekuppelte Lokomotive für die Kgl. Bay. Staatsbahn.
Sie kam auf der Steilrampe zwischen Neuenmarkt-Wirsberg und Marktschorgast zum Einsatz.

1849
Einen lebendigen Einblick in die
Maschinen- und Lokomotivenfa-
brik von J. A. Maffei geben diese
drei Holzschnitte, die einen umfangreichen Artikel in der „Leipziger Illustrirten Zeitung" ergänz-
ten. Erstaunlich viele Details hat
der Künstler festgehalten.

Hofansicht

Lokomotiv Montierung

Mechanische Werkstätte

1850

Maffei hat schon sehr früh begonnen, durch Werbeanzeigen auf seine Erzeugnisse aufmerksam zu machen. Wie diese Anzeige zeigt, wurden auch bereits Abnehmer außerhalb der deutschen Sprachgrenzen angesprochen. Das Ergebnis konnte sich sehen lassen: Bis 1860 sind 465 Lokomotiven entstanden, 129 davon fanden Käufer im Ausland.

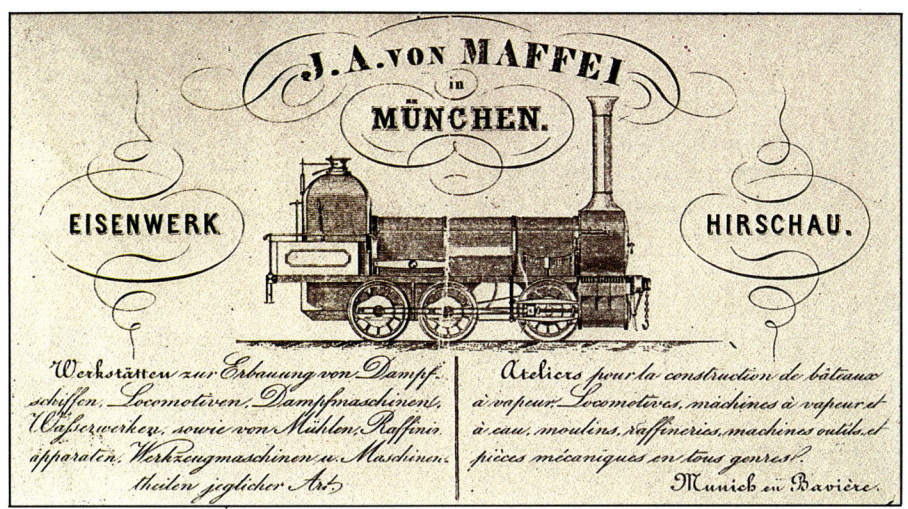

1850

Maffei's Maschinenfabrik, das Eisenwerk Hirschau, war bis 1850 bereits beachtlich angewachsen. Sehr große Bauteile, wie der eiserne Rahmen einer Drehscheibengrube im Vordergrund, mußten noch im Freien montiert werden.

1851

In Starnberg läuft der bei Maffei gebaute Dampfer „Maximilian" vom Stapel. Er hatte eine genietete eiserne Schiffsschale mit Holzaufbauten. Bis 1926 sind bei Maffei 44 Dampfschiffe entstanden, insbesondere für die Seen und Flüsse in Süddeutschland.

1851

Mit seiner 72. Lokomotive, ebenfalls „Bavaria" genannt, wie die Fabriknummer 2, gewann Maffei den ersten Preis beim „Semmering-Wettbewerb" um die leistungsfähigste Steilrampen-Lokomotive. Um das Reibungsgewicht zu erhöhen, wurden auch die drei Achsen des Tenders durch eine Rollenkette angetrieben. Der Siegespreis bestand aus „20 000 Stück vollwichtigen kayserlichen Dukaten".

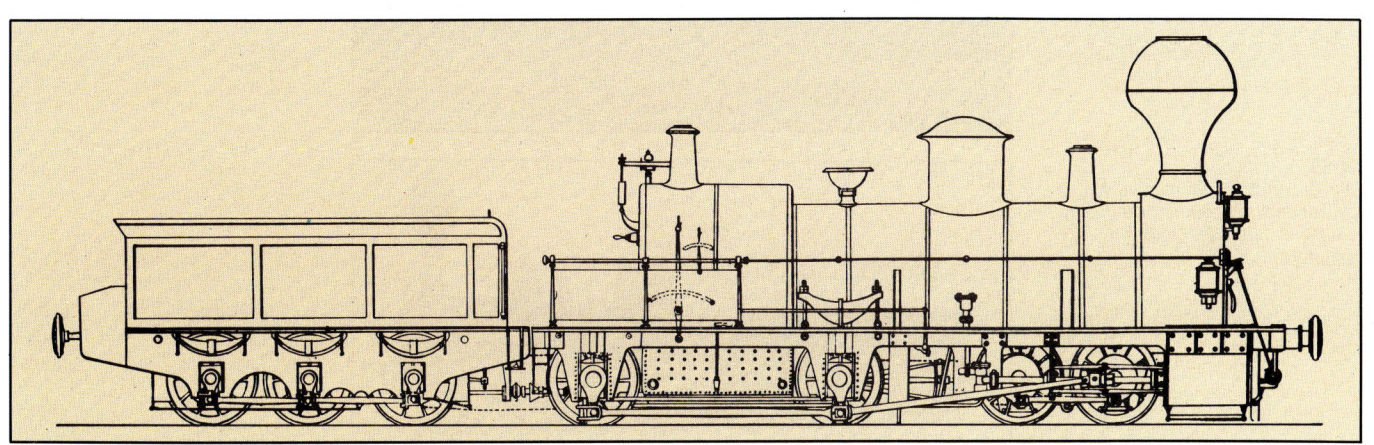

1853
Die Crampton-Lokomotive „Die Pfalz" für die Bayerische Pfalzbahn, Fabriknummer 132, erreichte bereits 120 km/h.

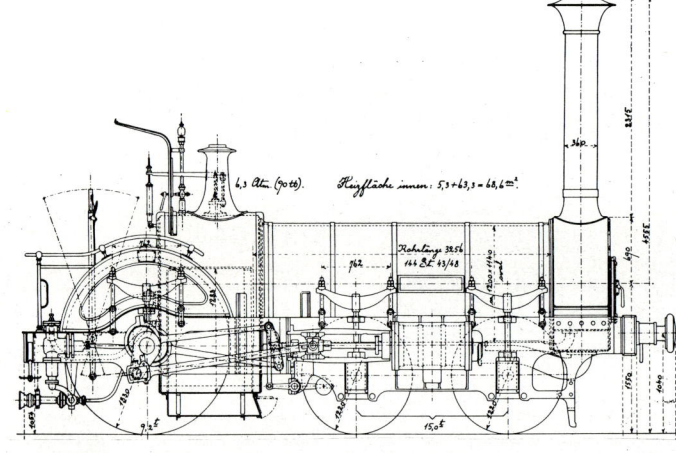

1860
Die Bahnlinie München — Salzburg wurde am 12. August 1860 durch Kaiser Franz Josef I. von Österreich und König Maximilian II. von Bayern eröffnet. Beide Monarchen waren mit ihren Hofzügen — der Bayerische natürlich von zwei Maffei-Lokomotiven gezogen — nach Salzburg gekommen. Die Strecke Paris — Wien war damit durchgehend befahrbar.
J. A. v. Maffei hatte sich um den Bau der Strecke München — Salzburg große Verdienste erworben. Mit diesem prächtig ausgeführten Schmuckblatt wurde er dafür geehrt.

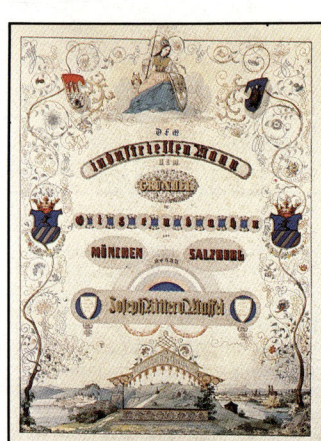

1853
Personenzug-Lokomotive „Juno", Gattung B V, Fabriknummer 264, für die Kgl. Bay. Staatsbahn.

1854
Mit der Betriebsnummer 140 wurde die A V-Lokomotive „Kufstein", Fabriknummer 166, bei der Kgl. Bay. Staatsbahn eingereiht. Ab 1854 wurden bis 1920 mit wenigen Ausnahmen sämtliche Lokomotiven der Kgl. Bay. Staatsbahn von Maffei bzw. ab 1867 auch von Krauss geliefert.

1857
Die Crampton-Lokomotive A 1 „München", Fabriknummer 296, wurde an die Bay. Ostbahn geliefert.

1857
So mag das Eisenwerk Hirschau rund 20 Jahre nach der Übernahme des Lindauer'schen Hammers durch Maffei ausgesehen haben. Der Maler C. Hering hat dieses Gemälde um 1910 nach alten Skizzen und Werkplänen angefertigt.

Ritter v. Maffei'scher Eisenhamer & Gussfabrik 1857

1858
Der Raddampfer „Maximilian" an der Anlegestelle in Seeshaupt. Nach 34 Jahren auf dem Starnberger See wurde er 1885 in zwei Teile zerlegt und zum Ammersee transportiert. Dort war er noch weitere 10 Jahre im Einsatz.

1860
Die Befreiungshalle in Kelheim. Maffei hat den Dachstuhl geliefert, das war den „Münchner Neuesten Nachrichten" vom 8. September 1860 eine Meldung wert:

Kelheim, 3. September. Der in der v. Maffei'schen Fabrik durch Hrn. Ingenieur Fritzsche im Auftrage Sr. Maj. König Ludwigs konstruirte eiserne Dachstuhl für die Befreiungshalle ist an Ort und Stelle angelangt und man ist eben damit beschäftigt, denselben auf das kolossale Gebäude zu heben. Innerhalb 14 Tagen soll die Bedachung vollendet sein.

1861

20 Jahre nach Fertigstellung des
„Münchners" konnte Maffei die
Ablieferung der 400. Lokomotive
feiern. Die „Leipziger Illustrirte
Zeitung" würdigte das Ereignis
mit dieser Abbildung. Sie zeigt
den Transport der Lokomotive
zur Zentralwerkstätte der Kgl.
Bay. Staatsbahn zu Beginn der
Ludwigstraße, nach Durchzug
durch das Siegestor, vor den
Gebäuden der Münchner Uni-
versität.

Die Lokomotive, Gattung C II,
trug den Namen „Maffei".
Sie war unter der Betriebsnummer 223 bis 1901 im Einsatz.

Festzug der 400. Locomotive aus der Maschinenfabrik von Maffei in München.   Originalzeichnung.

1864

Die 500. Lokomotive, eine B VI
mit Namen „Hirschau", ist fertig-
gestellt und zum Abtransport zur
Zentralwerkstätte der Kgl. Bay.
Staatsbahn verladen. Ein großer
Teil der damals rund 700 Mit-
arbeiter Maffei's ist auf diesem
Foto zu sehen.

1866
Die „Bayr. Wald" wurde an die
Plattling-Deggendorfer Eisenbahn geliefert, die 1872 an die
bay. Ostbahn überging.

1870
Die B VI-Lokomotive „Marktl" gehörte zu einer Gattung von 107
Lokomotiven, die von 1863 — 1871
an die Kgl. Bay. Staatsbahn geliefert wurde. Die B VI war die erste
Gattung, die mit über 100 Stück
geliefert wurde.
Die „Marktl" wurde als eine der
letzten B VI erst 1923 ausgemustert.

1870
Joseph Anton von Maffei's Büste
wurde nach seinem Tod am Eingang zur Maschinenfabrik in
einer Grünanlage aufgestellt.
Später fand sie ihren Platz in der
Eingangshalle des Verwaltungsgebäudes von Krauss-Maffei.

Krauss & Comp., die Lokomotivfabrik des Georg Krauß

Georg Krauß, geboren am 25. Dezember 1826 in Augsburg, nachmals geadelt, mit dem Titel Kommerzienrat und dem Dr.-Ing. e. h. der Technischen Hochschule München ausgezeichnet, großzügiger Gönner und Mitbegründer des Deutschen Museums, hatte nach dem Besuch der polytechnischen Schule in Augsburg bei J. A. Maffei das Schlosserhandwerk erlernt und sich anschließend bei der Kgl. Bay. Staatsbahn bis zum Obermaschinisten emporgearbeitet. In dieser Stellung war er für die gesamte Betriebsleitung der Eisenbahnbezirke Kempten und Lindau verantwortlich. Ab 1857 als Maschinenmeister mit der gleichen Aufgabe bei der schweizerischen Nord-Ostbahn in Zürich betraut, kehrte er 1866 zurück, um in München die zweite Lokomotivfabrik in Bayern zu gründen.

Joseph Anton von Maffei war davon allerdings weniger begeistert und versuchte mit aller Macht, diese Gründung, zumal in München, zu verhindern. Beinahe wäre denn auch die „Lokomotivfabrik Krauss & Comp." in Augsburg ansässig geworden. Dazu kam die angespannte politische Lage mit dem preußisch-österreichischen Krieg 1866, in den auch das Königreich Bayern verwickelt wurde. So sah sich Krauß am 17. Mai 1866 in einem Brief an einen Freund zu der Bemerkung veranlaßt:

„Sollte der Krieg wirklich ausbrechen, so dürfte er, wie in Italien und Schleswig-Holstein, bei den jetzigen Kriegs- und Mordwerkzeugen bald beendet sein und wenn dann noch ein heiliges Kreuz-Donnerwetter in das heillose, jeder gesunden Vernunft bare, Beginnen dazwischenfährt, so hoffe ich, daß die Rache die Anstifter ereilen wird."

Bereits in der Schweiz konnte Krauß in den bahneigenen Werkstätten seine Ideen über den Bau von Lokomotiven verwirklichen. Im Zuge des Aufbaus des Eisenbahnnetzes sah er die Notwendigkeit, die zwischen den Hauptbahnen gelegenen Gebiete durch Nebenstrecken, sog. „Sekundärbahnen", zu erschließen. Um diese Zubringerstrecken auch bei geringem Verkehrsaufkommen wirtschaftlich betreiben zu können, mußten sie in der Anlage des Bahnkörpers, in den Betriebsmitteln und in der Unterhaltung so einfach wie möglich gehalten sein. Die in der Schweiz von Krauß gebauten Lokomotiven entsprachen diesen Vorstellungen.

Für Nebenbahnen wollte er auch in seiner Münchner Fabrik Lokomotiven bauen. Und noch ehe die Firma am 17. Juli 1866 als Kommanditgesellschaft gegründet und der erste Stein auf dem sog. Marsfeld, 2,5 km westlich vom Münchner Centralbahnhof mit Gleisanschluß an die Staatsbahn, gelegt war, hatte Krauß bereits von der Großherzoglich Oldenburgischen Staatsbahn einen Auftrag zur Lieferung von fünf Lokomotiven nach dem „System Krauss" erhalten. Das „System Krauss" bestand vornehmlich darin, daß der Lokomotivrahmen als Wasserkasten zur Aufnahme des Speisewassers ausgebildet war. Neben der Erhöhung des mitgeführten Wasservorrats führte dies zu einer tiefen Schwerpunktlage und zur Einsparung von Konstruktionsgewicht, das damit zur Ausbildung eines leistungsfähigen Kessels zur Verfügung stand. Diese Bauart erwarb sich allgemeine Anerkennung. Sie wurde von vielen Lokomotivfabriken nachgeahmt.

Als erste Lokomotive konnte bereits am 15. März 1867 die „Landwührden" fertiggestellt werden. Sie erhielt noch im gleichen Jahr auf der Weltausstellung in Paris den höchsten Preis, die große goldene Medaille. Als sie nach 860.000 km Laufleistung im Jahre 1900 ausgemustert wurde, hat sie Krauß zurückgekauft und als eines der ersten Großexponate dem Deutschen Museum in München gestiftet. Dort steht sie noch heute.

Aufträge von deutschen und ausländischen Bahnverwaltungen ließen das Unternehmen rasch expandieren. Die Fabriknummer 100 konnte bereits am 28. Januar 1871 ausgeliefert werden. Empfänger war die Kgl. Bay. Staatsbahn, die nun ihre Lokomotiven nicht mehr allein von Maffei, sondern auch von Krauss bezog. Einige Baureihen wurden gleichzeitig bei beiden Firmen beschafft.

Georg Krauß war nicht nur selbst ein genialer Konstrukteur. Er verstand es, fähige Ingenieure zu engagieren, wie Carl von Linde, Richard von Helmholtz und Georg Lotter, denen bahnbrechende Entwicklungen im Lokomotivbau zu verdanken sind.

Nicht weniger ausgeprägt war bei Krauß die unternehmerische Ader. Die Nachfrage nach Lokomotiven entwickelte sich derart rasch, daß das Werk am Marsfeld bald nicht mehr ausreichte. Außerdem hatte die stark wachsende Stadt München die ursprünglich weit draußen liegende Fabrik schnell eingeholt, so daß es keine Expansionsmöglichkeiten mehr gab. Deshalb eröffnete er schon 1872 in Sendling, einem südlichen Vorort Münchens, eine Filialfabrik für die Fertigung kleinerer Lokomotiven. Dieses Werk war bis 1924 in Betrieb.

Ein weiteres Filialwerk entstand 1880 in Österreich, in Linz an der Donau. Der Anlaß für diese Gründung lag in den hohen Einfuhrzöllen der k. u. k. Monarchie für Lokomotiven, wodurch der Export in die Donauländer sehr erschwert wurde. Nach der Produktion von insgesamt 1.170 Lokomotiven wurde dieses Werk Ende 1917 an die Österreichische Eisenbahn-Verkehrs-Anstalt verkauft und — nachdem weitere 351 Lokomotiven gebaut worden waren — nach einem erneuten Besitzerwechsel 1930 stillgelegt.

1901
Dr.-Ing. e. h. Georg von Krauß

1882
Nur 15 Jahre nach der Gründung
seiner Lokomotivfabrik konnte
Georg Krauß die Fertigstellung
seiner 1000. Lokomotive feiern.
Die Lok wurde 1883 auf der Bayerischen Landesausstellung in
München gezeigt, wo sie von der
Gotthardbahn zum Preis von
27.640,— Schweizer Franken erworben wurde. Dort war sie
32 Jahre, davon lange Zeit als
Rangierlok in Biasca im Einsatz,
bis sie 1914 ausgemustert wurde.
Ein Aquarell von F. Perlberg erinnert an dieses Ereignis. Es zeigt
die Lok auf der Schiebebühne
der Fabrik am Marsfeld.

Mit der Ablösung von Pferde-Straßenbahnen durch Dampf-Straßenbahnen erschloß sich den Lokomotivherstellern — vor der Einführung der elektrischen Straßenbahn — ein neues Absatzgebiet. Krauss & Comp. waren dabei mit der Lieferung von insgesamt 300 Lokomotiven, insbesondere nach Österreich, Oberitalien und in die Niederlande, im Zeitraum von 1877 bis 1904 besonders erfolgreich. Auch in München gab es eine „Dampftramway"-Linie vom Hauptbahnhof nach Nymphenburg, selbstverständlich mit Krauss-Lokomotiven.

Zur Förderung des Nebenbahngedankens und zur Erschließung von Absatzmärkten für ihre Lokomotiven hat die Firma Krauss selbst Eisenbahnstrecken angelegt und ausgerüstet. Um den Nachweis zu erbringen, daß derartige Zubringerbahnen wirtschaftlich betrieben werden können, hat man sie zum Teil einige Jahre in eigener Regie geführt, so die Kremstalbahn in Oberösterreich, die Feldabahn im Großherzogtum Sachsen-Weimar-Eisenach und die Kaysersberger Talbahn im Elsaß. Später folgte eine Beteiligung an der Localbahn AG in München, die u. a. einige Bahnstrecken im oberbayerischen Raum errichtet und betrieben hat. Auch die Wiener Dampftramway wurde mit einer Betriebslänge von 42 km von Krauss gebaut und betrieben. Eine von Krauss erbaute Dampfstraßenbahn ist erhalten geblieben und immer noch im Einsatz: die Chiemseebahn, die vom Bahnhof Prien zum Seeufer führt. 1887 erbaut, blicken Lokomotive und Waggons im Jubiläumsjahr von Krauss-Maffei auf 101 Jahre Betriebseinsatz zurück. Auch an dieser Bahn war Krauss einige Jahre beteiligt.

Am 20. Oktober 1885 verunglückte der einzige Sohn von Georg Krauß, Konrad, Ingenieur wie sein Vater, auf einer Dienstreise in Antwerpen tödlich. Wohl nicht zuletzt deshalb wurde die Kommanditgesellschaft Ende 1886 in eine Aktiengesellschaft umgewandelt. Georg Krauß zog sich von der Leitung des Unternehmens als persönlich haftender Gesellschafter zurück und wurde Vorsitzender des Aufsichtsrats bis zu seinem Tod.

Bis zur Jahrhundertwende waren in den drei Fabriken 4.100 Lokomotiven hergestellt worden, rund 2.500 davon gingen nach Bayern und in das übrige Deutschland, rund 1.100 nach Österreich-Ungarn, der Rest wurde exportiert, selbst in das Mutterland der Lokomotive, nach England und nach Übersee. Während bei Maffei vorwiegend Hauptbahnlokomotiven aber auch andere Maschinenbauerzeugnisse hergestellt wurden, hat sich Krauss, abgesehen vom Bau einiger Dampfstraßenwalzen und Dampffeuerspritzen ganz auf den Lokomotivbau für alle Bedarfsfälle in nicht weniger als 105 Spurweiten konzentriert. Eine Ausnahme bildete die Abteilung für das Eisenbahnsicherungswesen, die sich mit der Errichtung von Stell- und Blockwerken befaßte und seit 1882 die Kgl. Bay. Staatsbahn recht erfolgreich belieferte.

Georg Krauß, selbst aus einfachen Verhältnissen stammend, hat mit großzügigen Stiftungen schon frühzeitig dazu beigetragen, die soziale Sicherung seiner Mitarbeiter zu verbessern. So gab es einen Arbeiter-Unterstützungsfond, eine Krauss'sche Arbeiterwitwen- und -waisen-Stiftung und eine Pensionskasse der Angestellten. Wie in so vielen Fällen ist auch hier das angesammelte Vermögen durch die Inflation Anfang der 20er Jahre vernichtet worden. Schon vor der Jahrhundertwende erhielten Mitarbeiter mit mehr als 10 Dienstjahren eine Woche bezahlten Urlaub und nach 25 Jahren Firmenzugehörigkeit gabe es stattliche Prämien.

Im Jahr 1904 konnte Krauß mit seinen 1.500 Mitarbeitern die Ablieferung der 5.000. Lokomotive, einer schweren Güterzuglokomotive der Gattung G 4/5 an die Kgl. Bay. Staatsbahn feiern. Zu diesem Anlaß erhielt er das Ritterkreuz des Verdienstordens der Bayerischen Krone, verbunden mit dem persönlichen Adel, nachdem er schon 1886 von König Ludwig II. zum Kgl. Bay. Kommerzienrat ernannt worden war. Als der Dr.-Ing. e. h. der Technischen Hochschule München Georg von Krauß am 4. November 1906, kurz vor Vollendung seines 80. Lebensjahres, starb, hatte sein Unternehmen Weltruf erlangt.

Von einer Idee war Krauß in seinen letzten Lebensjahren noch ganz besonders begeistert: Der Gründung des Deutschen Museums in München, für das er als erster Industrieller 100.000 Goldmark stiftete. Und so sprach Baurat Oskar von Miller am Grabe von Krauß: „Das Deutsche Museum verliert nicht nur einen großmütigen Stifter, nicht nur einen seiner größten Förderer, es dankt ihm nicht nur die erste Spende zum Bau des Museums, sondern vor allem ist es ihm auch dankbar für das Beispiel, das er gegeben hat. Er war der erste, der den Plan des Museums tatkräftig förderte. Zum Danke dafür wollten wir ihn bei der Grundsteinlegung zum ersten Ehrenmitgliede ernennen. Der Tod hat es anders gewollt. So lange das Museum steht, wird man den Namen Krauß mit tiefstem Danke und Verehrung nennen."

1867
Fabrikschild der Lokomotive Nr. 1
„Landwührden".

1868
Auch die Kgl. Bay. Staatsbahn in-
teressierte sich für die Bauart
Krauss und bestellte sechs Lokomotiven der Gattung B VII.

1867
Als Fabriknummer 1 wurde bei
Krauss & Comp. am 15. März
1867 die Lokomotive „Landwührden" für die Großherzoglich
Oldenburgische Staatsbahn
fertiggestellt.
Sie war bis zum Jahr 1900 in Betrieb und kam als eines der ersten Großexponate in das 1906
eröffnete Deutsche Museum in
München.

1867
Die „Landwührden" vor der Auslieferung.

1870
Cn2-Tenderlokomotive „Hulftegg"
für die Bodensee-Toggenburg-
Bahn. (Fabrik-Nr. 73)

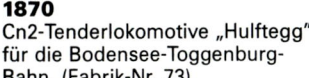

1869
Güterzuglok der Gattung C III,
Betr.-Nr. 413, der Kgl. Bay. Staats-
bahn.

1871
Dreiachsige Werklokomotive mit
790 mm Spurweite für Salgo-
Tarjan in Ungarn.

1871
Diese leichte Personenzugtender-
lok „Holm" wurde für die Eutin-
Lübecker Eisenbahn gebaut.

1871
Vier Cn2-Güterzuglokomotiven
mit den Namen Lindau, Vaduz,
St. Gallen und Rhein wurden an
die Vorarlberger Eisenbahn geliefert. (Fabrik-Nr. 144-147)

1873

Bereits mit der ersten Lokomoti-
ve errang Krauss auf der Pariser
Weltausstellung 1867 die große
goldene Medaille und Jahr für
Jahr kamen neue Medaillen und
Ehrendiplome hinzu. Auf der
Wiener Weltausstellung 1873 zum
Beispiel die Fortschrittsmedaille,
wie diese Urkunde bezeugt.

1875
Eine größere Zahl echter „Krauss-Lokomotiven" bestellte auch die in Thüringen gelegene Saal-Eisenbahn.

1877
Die ersten Tramway-Lokomotiven, später eine Spezialität von Krauss, wurden nach Berlin, Brünn und Italien verkauft.

1878
Für die von Krauss erbaute und anfangs auch betriebene Feldabahn wurden im März und Mai die ersten beiden Lokomotiven geliefert. (Fabrik-Nr. 782/783)

1879
Die Römische Eisenbahn erhielt sechs dieser formschönen, an englische Vorbilder erinnernden Schnellzuglokomotiven.

1880
Das Linzer Zweigwerk im Gründungsjahr.

1879
Mit fahrbaren Dampfmaschinen als Antriebsquelle begann die Mechanisierung der Landwirtschaft. Krauss hat seine Prinzipien, vorzügliche Leistungsfähigkeit bei geringen Unterhaltungskosten durch zweckmäßige Konstruktion und solide Ausführung zu erreichen, auch hier verwirklicht.

1879
Die Dampffeuerspritzen der Firma Krauss waren nicht nur technische Meisterleistungen ihrer Zeit und in der Leistungsfähigkeit der Konkurrenz weit voraus sondern auch in ihrer Erscheinung von außergewöhnlicher Eleganz.

1882
Diese meterspurige Zahnradlok
wurde für das Bleibergwerk
Friedrichssegen geliefert.

1883
Localbahnlok „Berg", Gattung D VI
der Kgl. Bay. Staatsbahn.
Von 1920 bis 1964 war sie auf der
Anschlußbahn des Torfwerkes
Raubling im Einsatz, dann wurde
sie von der Deutschen Gesell-
schaft für Eisenbahn-Geschichte
(DGEG) erworben.

1880
Während der großen Wirtschaftskrise von 1877 — 1883 ging die
Nachfrage nach Lokomotiven erheblich zurück. Wie J. A. Maffei
hat auch Krauss in dieser Zeit
seine Geschäftsbasis durch die
Herstellung anderer durch Dampf
angetriebener Erzeugnisse erweitert.
Mit der Fabriknummer 882 wurde
diese Straßenlokomotive gebaut.

1884
Schiebelok für die Arlbergstrecke
der k. u. k.-Staatseisenbahngesell-
schaft Wien.

1884
Der Bau einer Dampfstraßenbahn in München ging auf eine Initiative von Georg Krauß zurück. Die Trasse führte vom Hauptbahnhof nach Neuhausen und Nymphenburg hinaus zum „Volksgarten", einer damals sehr beliebten Vergnügungsstätte. Die sieben Lokomotiven dieser Linie wurden von Krauss zwischen 1883 und 1891 gebaut.

1885
Waldbahnlokomotive für die k. u. k.-Bosna-Bahn mit radial einstellbaren Endachsen und einachsigem Stütztender. Spurweite 760 mm.

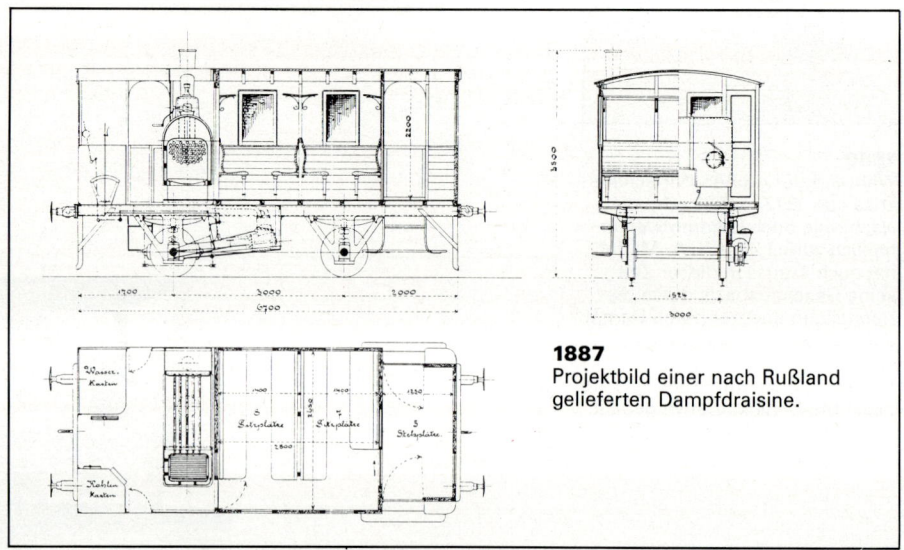

1887
Projektbild einer nach Rußland gelieferten Dampfdraisine.

1887
Der Bau von Dampfstraßenwalzen hat bei Krauss keine sehr
große Bedeutung erlangt.
Er diente mehr als Lückenfüller
zur Überbrückung geringer Loko-
motivnachfrage.

1889
Mit der B X verließ die Kgl. Bay.
Staatsbahn den Außenrahmen
bei Schlepptenderlokomotiven
und führte die Verbundwirkung
ein.

1888
Erstmals wurde das Krauss-Helmholtz-Gestell in die für die stei-
gungs- und krümmungsreiche
Strecke Reichenhall-Hallthurm
vorgesehene D VIII eingebaut.
Die Lok war bis 1925 im Einsatz.

1890
Das erste Paar der berühmten
„Feldbahn-Zwillinge" wurde unter
Fabrik-Nr. 2418 an die kgl. Eisen-
bahn-Brigade, Berlin, geliefert.
Weitere 157 folgten bis 1914.
Dieser Loktyp wurde auch von
zahlreichen anderen Firmen an
die Militäreisenbahn geliefert.

1890

Kurz vor der Jahrhundertwende
war die Fabrik am Marsfeld zu
stattlicher Größe herangewach-
sen.
Das Unternehmen lag in unmittelbarer Nachbarschaft zur Zentralwerkstätte der Kgl. Bay.
Staatsbahn, die auf diesem
Aquarell im Hintergrund zu
erkennen ist.

1890

Das Zweigwerk im Münchner
Vorort Sendling wurde 1872 errichtet. Es war auf die Herstellung schmalspuriger Baulokomotiven spezialisiert und bis 1924 in
Betrieb.

1892
Die Lokalbahn-Gattung D VII
wurde von 1880 bis 1895 in
75 Exemplaren an die Kgl. Bay.
Staatsbahn geliefert. Die abgebildete Lok hat alle Wirren der
Zeit überstanden. Sie gehört
heute dem Bay. Localbahn-Verein
und wird im Localbahn-Museum
in Bay. Eisenstein ausgestellt.

1893
Schnellzuglokomotive für die
Hessische Ludwigsbahn mit der
in Deutschland sehr seltenen
Achsanordnung 1' B 1'. Insgesamt
sechs dieser Lokomotiven
wurden geliefert.

1893
Die Zahnradlokomotive Z 2 der
Schafbergbahn am Wolfgangsee
ist seit 95 Jahren regelmäßig im
Einsatz.

1894
Als 3 000. Lokomotive präsen-
tierte sich die Verbund-C IV
Nr. 1477 der Kgl. Bay. Staatsbahn.

1894
Nur 12 Jahre nach Fertigstellung
der 1000. Lokomotive wurde die
3000. Lokomotive, eine dreifach
gekuppelte Güterzuglokomotive
mit Tender für die Kgl. Bay.
Staatsbahn fertiggestellt.
Von seiner Belegschaft erhielt
Krauß aus diesem Anlaß einen
Straußeneipokal verehrt und auf
einem ganz im Stil des zu Ende
gehenden 19. Jahrhunderts ge-
haltenen Gemälde blieb der
Nachwelt die Freude und der
Stolz über dieses Ereignis in
wohlgesetzter Form überliefert.

1896
Die bayerische AA I hatte zur besseren Beschleunigung eine Laufachse mit Hilfsantrieb erhalten, die bei höheren Geschwindigkeiten vom Gleis abgehoben werden konnte. Diese, in den USA „Booster" genannte, Einrichtung hat sich jedoch nicht bewährt.

1897
Die Güterzuglokomotiven der Gattung E I waren insbesondere auf den Steilstrecken des Spessart eingesetzt.

1897
Die Gattung D XII der Kgl. Bay. Staatsbahn war ein Meisterstück des genialen Lokomotiv-Konstrukteurs Richard von Helmholtz.

1896
Ludwig Dasio ist der Schöpfer dieser Büste. Krauß war damals 70 Jahre alt.

1901
Die Pfalzbahn machte ebenfalls Versuche mit einem Hilfsantrieb. Doch auch diese Lokomotive wurde wie die bayerische AA I nach wenigen Jahren in eine Normallok umgebaut.

1900
Tramwaylok Nr. 4 der Tranvie Ferraresi a Vapore in Mailand. Sie war bis 1960 auf der Nebenbahn Rimini — Novafeltria im Einsatz und kam 1969 zur Museumsbahn Blonay-Chamby in der Schweiz.

1899
Die Fabrik-Nr. 4402, geliefert vom Linzer Filialwerk, gehörte zur legendären österr. Schmalspurtype „U", die erstmals für die Strecke Unzmarkt — Mauterndorf in der Steiermark gebaut wurde.

32

1901
Am 6. November erhielt die
Eisenbahn AG Schaftlach —
Gmund für die im Bau befindliche
Verlängerung bis Tegernsee ihre
dritte Lokomotive mit Namen
„Fromund".

1898
Von 1898 bis 1904 wurden von
Krauss und Maffei 72 Rangierloks
der Gattung D II gebaut.
Die „2419" erhielt 1925 die neue
Nr. „89 619". Sie war bis 1955 im
Einsatz.

1897
Anton Hurler war nach der Umwandlung in eine Aktiengesellschaft viele Jahre lang der ver-
antwortliche Direktor des Unternehmens.
Zum 25jährigen Dienstjubiläum
erhielt er — wie jeder andere
Jubilar — dieses Diplom.

1901
Diese kleine 1000-mm-spurige
Tenderlok mit 100 PS ging an die
Firma La Maqinista Terrestre y
Maritima (MTM) in Barcelona.
Rund 80 Jahre später wurden
dort die von Krauss-Maffei kon-
struierten Elektroloks der Serie
252 der Spanischen Staatsbahn
RENFE gebaut.

1903
Der Schreiner wird es mit dem
Modell für das Lokschild nicht
ganz leicht gehabt haben. Mit
zwei weiteren ging diese Lok für
den Abschnitt Haifa — Megrireb
an die Hedjazbahn.

1904
Über den Hamburger Zwischen-
händler Strack wurde diese C 1'-
Tenderlok mit 762 mm Spurweite
und 100 PS nach Westindien verkauft.

1905
Als Weiterentwicklung der E I erschien die G 4/5 N. Die abgebildete Betriebs-Nr. 2131 war gleichzeitig die 5 000. Lok.
Am 2. Oktober verließ sie die
Werkshallen.

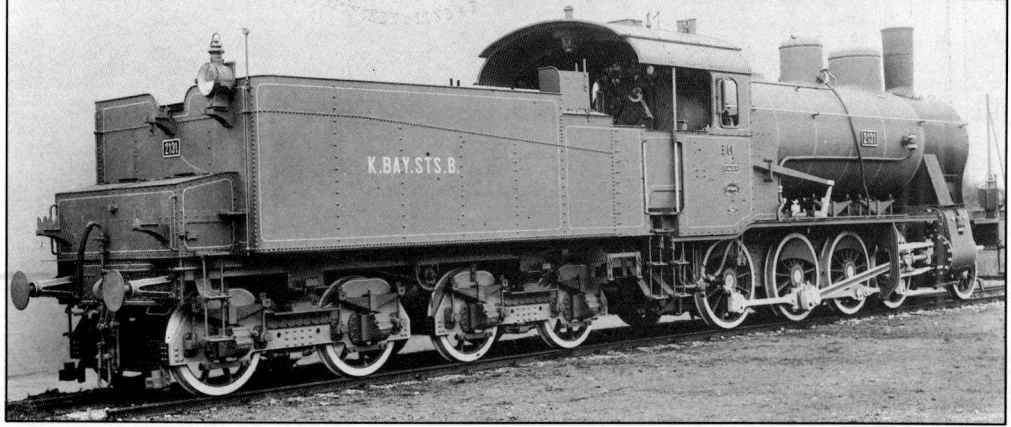

1904
Die Fabrik-Nr. 5177 wurde an die
Boso-Railway Co. in Japan ge-
liefert.

1904
Der Bau von Weichen- und Sig-
nalstellwerken — zunächst in
Lizenz der Firma Schnabel &
Henning in Bruchsal — spielte bei
Krauss ab 1882 mit einer über
Jahrzehnte hinweg kontinuier-
lichen Auslastung eine bedeu-
tende Rolle.
1904 waren bereits 268 Bahnhöfe
mit insgesamt 420 Stell- und
Blockwerken ausgerüstet. Erst
nach dem 2. Weltkrieg lief dieser
Geschäftszweig aus.

1905
Der Jugendstil hat auch die
Werbung seiner Zeit geprägt.
Voller Stolz wurde die 5000.
Lokomotive präsentiert.

1906
Bei der Bayerischen Jubiläums-
Landes-Industrie-, Gewerbe- und
Kunstausstellung in Nürnberg, erhielt die Lokomotivfabrik Krauss
& Comp., AG, München die Preis-
Medaille mit dem Grade der
„Goldenen", „...zuerkannt für vorzügliche Leistungen im Lokomotivbau bei hervorragender Leistungsfähigkeit im Allgemeinen
unter besonderer Anerkennung
der vorzüglichen technischen
Ausführung und der steten Rück-
sichtnahme auf Zweckmäßigkeit
und Verbesserung der Konstruktionen."

1906
Die Krauss'sche Ursprungsaus-
führung des „Glaskastens" für die
Kgl. Bay. Staatsbahn.

1906
Zwei 1 B-Loks mit 1000 mm Spurweite und 65 PS Leistung wurden
am 16. Februar an die Meklong
Rly. Comp. in Siam verschickt.

1906
An einer Außenmauer des inzwischen in eine Parkanlage umge-
wandelten ehemaligen Alten
Nördlichen Friedhofs an der Zieb-
landstraße in München-Schwa-
bing liegen Georg von Krauß und
seine Familie begraben.
Das Grabmal hat die Wirren der
Zeit gut überstanden.

1906
Im Gegensatz zu Maffei hat sich
Krauss kaum mit Malletlokomo-
tiven befaßt. Drei meterspurige
B'B-Loks mit 2achsigem Tender
gingen jedoch an die Pirée-
Athènes-Péloponès-Bahn.

Die Fabrik in der Hirschau unter Hugo von Maffei

Am 1. Oktober 1874 verließ die 1000. Lokomotive, eine B IX, die Hirschau, sie ging an die Kgl. Bay. Staatsbahn. Anstelle des damals noch üblichen Namens erhielt sie an beiden Seiten des Kessels ein auffälliges Messingschild mit der Zahl „1000". Im Deutschen Museum in München blieb sie der Nachwelt erhalten.

Hugo Ritter und Edler von Maffei, der die Geschicke des Unternehmens 51 Jahre lang mit glücklicher Hand leitete, setzte die Tradition seines Onkels fort, die Belegschaft seiner Firma am wirtschaftlichen Erfolg teilhaben zu lassen. Die Invalidenkasse der Arbeiter und die Beamten- und Pensionskasse wurden, meist im Zusammenhang mit Jubiläen, mit großzügigen Zuwendungen bedacht. Leider ist das im Laufe langer Jahre angesammelte stattliche Vermögen dieser Unterstützungseinrichtungen durch die Inflation der 20er Jahre restlos vernichtet worden.

Auch Hugo von Maffei war kein Techniker, sondern Jurist und Landwirt. Mit großem Geschick hat er die Leitung seines Unternehmens hochqualifizierten Ingenieuren und Kaufleuten anvertraut.

Die Zeit nach dem Krieg 1870/71 brachte für das Verkehrswesen zunächst einen beachtlichen Aufschwung, doch von 1877 bis 1883 lähmte eine Wirtschaftskrise die weitere Entwicklung, und viele neu gegründete Unternehmen verschwanden wieder in der Versenkung. Maffei hatte nur mäßig erweitert und konnte den stark rückläufigen Lokomotivabsatz durch die Lieferung von Dampfschiffen, Dampf-Feuerspritzen, Lokomobilen und Einrichtungen für Brauereien und Ölmühlen wenigstens teilweise kompensieren.

Die folgenden 30 Jahre bis zum Beginn des 1. Weltkriegs waren erfolgreiche Jahre für die Firma J. A. Maffei. Zeitweise wurden über 2000 Mitarbeiter beschäftigt. Neben dem florierenden Lokomotivbau entwickelte sich als weiterer wichtiger Geschäftszweig der Bau von stationären Dampfmaschinen und ab 1905 auch von Dampfturbinen zur Energieerzeugung. Besondere Bedeutung erlangte um die Jahrhundertwende auch das Geschäft mit Werkzeugmaschinen, insbesondere mit Dreh- und Hobelmaschinen, Bohrwerken und Luftdruckhämmern. Da derartige Maschinen für die Metallbearbeitung im Lokomotiv- und Kesselbau am Markt nicht in der geforderten Ausführung zu erhalten waren, hat man sie selbst konstruiert, gebaut und in erheblicher Anzahl auch an andere Unternehmen verkauft.

Mit der 2000. Lokomotive, die 1900 an die Kgl. Bay. Staatsbahn abgeliefert wurde, begann bei Maffei der Abschnitt des Dampflokbaus, der das Unternehmen in die vorderste Reihe aller Hersteller brachte. Es handelte sich um eine neuartige Schnellzuglokomotive mit Vier-Zylinder-Verbund-Triebwerk. Ihre Gesamtkonzeption stammte von dem inzwischen zum Direktor beförderten Oberingenieur Anton Hammel, der das Unternehmen und seine Erzeugnisse in den nächsten 25 Jahren als genialer Lokomotivkonstrukteur entscheidend prägte. Seine Berufung war einer der bedeutendsten Treffer in Hugo von Maffei's geschäftlichem Leben.

1874
Als tausendste Maffei-Lokomotive wurde im Oktober die B IX, Betriebs-Nr. 634, an die Kgl. Bay. Staatsbahn geliefert. Sie erhielt anstatt des damals üblichen Namens die Bezeichnung „1000". Kurzzeitig für Erprobungszwecke mit einem elektrischen Scheinwerfer versehen, wurde sie 1905 von der Staatsbahn dem Deutschen Museum übergeben und zur Darstellung der Funktionsweise einer Dampflokomotive aufgeschnitten.

1900

Hugo Ritter und Edler von Maffei
(31. August 1836 — 13. Mai 1921)
wurde von seinem ohne leibliche
Nachkommen gebliebenen Onkel
zum Haupterben bestimmt. Er
war völlig überrascht, als er, der
Landwirt, dies bei der Testamentseröffnung erfuhr, denn die
Verwandtschaft war recht zahlreich.

Mit 34 Jahren übernahm er im
Herbst 1870 die Verantwortung
für die Fabrik. Sein Onkel wäre
mit seiner Entscheidung wohl
sehr zufrieden gewesen, denn
Hugo von Maffei entwickelte sich
in den folgenden 50 Jahren zu
einem der einflußreichsten Wirtschafts- und Industriemagnaten
im Königreich Bayern und führte
die Firma J. A. Maffei zu weltweiter Bedeutung

Am 18. Mai 1901 wurde vom Prinzregenten das Gesuch, die der königlichen Civilliste gehörenden Grundstücke in der Hirschau mit einem Industriegleis überqueren zu dürfen, wider Erwarten genehmigt, nachdem dies vorher jahrelang abgelehnt wurde. Von dieser Genehmigung hing letztlich die weitere Existenz des Unternehmens am Standort Hirschau ab. Eine sogleich gebaute dreiachsige Werklokomotive erhielt den Namen „J. A. Maffei", der in großen Messingbuchstaben an beiden Wasserkästen angebracht wurde. Nach 1930 war diese Lokomotive noch in zwei weiteren oberbayerischen Industrieunternehmen im Einsatz, bis sie 1985 vom Bayerischen Localbahnverein erworben werden konnte und vollständig aufgearbeitet wurde. Seither ist sie vielfach vor Dampfsonderzügen zu sehen.

Im Jahr 1901 wurde die Energieversorgung des Werkes erweitert. Die das Fabrikgelände durchziehenden Wasserläufe wurden zum „Eisbach" vereinigt und in einer neuen Kraftzentrale drei Francis-Turbinen mit einer Leistung von insgesamt fast 1000 PS installiert. Außerdem hat man drei stehende Verbund-Tandem-Dampfmaschinen eigener Konstruktion und gleicher Leistung zum Einsatz bei Niedrigwasser, Eisgang und der alljährlichen Bachauskehr aufgestellt. Diese Kraftzentrale ist allein vom gesamten Maffei-Werk in der Hirschau, heute im Besitz der Tivoli-AG, erhalten geblieben. Erst 1986 wurden zwei der alten Turbinen erneuert.

Um die Jahrhundertwende hat die Kgl. Bay. Staatseisenbahn bei Baldwin in den USA vier Lokomotiven mit dem dort schon längst gebräuchlichen Barrenrahmen beschafft. Nach eingehenden Studien an diesen Lokomotiven entstand in Zusammenarbeit zwischen der Generaldirektion der Staatsbahn und Maffei eine Typenreihe von Schnellzuglokomotiven mit Barrenrahmen und Vier-Zylinder-Verbund-Triebwerk, die sich den Lokomotiven anderer Bahnverwaltungen weit überlegen zeigte. Diese Entwicklungsreihe gipfelte in der Gattung „S 3/6", die vielfach als schönste Lokomotivbaureihe Deutschlands bezeichnet wurde. Sie erschien erstmals 1908 auf dem neu errichteten Ausstellungsgelände auf der Münchner Theresienhöhe im Blickfeld der Öffentlichkeit. Bis 1930 haben 141 Stück dieser formschönen Lok das Werk in der Hirschau verlassen, weitere 18 wurden in Lizenz gebaut. Die „S 3/6" war die Zuglokomotive der Paradezüge der Deutschen Reichsbahn, wie dem „Rheingold", oder der Schnellzüge München — Berlin.

Teilweise wurden die Loks in der Nachkriegszeit bei Krauss-Maffei noch mit geschweißten Kesseln versehen, die letzte „S 3/6" war bis 1965 bei der Deutschen Bundesbahn im Einsatz. Einige dieser Lokomotiven sind erhalten geblieben, so im Deutschen Museum und bei Krauss-Maffei, als Denkmal vor dem Verwaltungsgebäude.

Vor 1908 aber erschien noch eine Einzelgängerin, die den Namen Maffei schlagartig weltweit bekannt machte, die speziell für Schnellfahrversuche gebaute „S 2/6". Bei 2,2 m Treibraddurchmesser erreichte diese Lokomotive mit einem Vier-Wagenzug am 2. Juli 1907 die Geschwindigkeit von 154,5 km/h, ein Weltrekord, der bis 1936 Bestand hatte. Seit 1925 steht dieses Glanzstück des Münchner Lokomotivbaus im Verkehrsmuseum Nürnberg.

Zum Nachschieben der Schnellzüge über die Steilstrecken des Thüringer Waldes und des Spessarts entwickelte Maffei vor dem 1. Weltkrieg einen Koloß besonderer Dimension: Die Tenderlokomotive Gt 2 x 4/4 mit 128 t Dienstmasse in Mallet-Bauweise. Sie lief auf 8 gekuppelten Achsen und war der Höhepunkt einer Entwicklung, die bei Maffei 1890 mit der Lieferung einer schweren Lokomotive mit zweimal drei gekuppelten Radsätzen für den Bergdienst der Gotthardbahn begonnen hatte.

Für die Herstellung der elektrischen Ausrüstung von Elektrolokomotiven errichtete Maffei ab 1907 gemeinsam mit der Berliner Maschinenbau AG, vorm. L. Schwartzkopff, in Wildau bei Berlin die Maffei-Schwartzkopff-Werke. 1910 wurde die erste Elektrolokomotive abgeliefert, rund 200 insgesamt bis 1930 produziert.

Hugo von Maffei starb, vielfach ausgezeichnet, am 13. Mai 1921. Die Ernennung zum Dr.-Ing. e. h. der Technischen Hochschule München im Herbst 1918 soll ihn von allen Ehrungen am meisten gefreut haben.

1875
Mit der Betriebs-Nr. 670 war die
C III „Rott" fast 50 Jahre lang bei
der Kgl. Bay. Staatsbahn im Einsatz. (Fabrik-Nr. 1065)

1876
Die „Leander" gehörte zur ersten
Serie der Rangierlokomotiven-
Gattung D IV der Kgl. Bay.
Staatsbahn.

1876
Als der langjährige Direktor
George Jon Ashton nach
34 Dienstjahren in den Ruhe-
stand trat, erhielt er von der Belegschaft dieses Erinnerungs-
blatt.

1880
Die an die Pfälzischen Eisenbahnen gelieferte Schnellzug-
lokomotive Nr. 161 „Franz v.
Meyer" der Gattung P1 III war bis
1924 in Betrieb. (Fabrik-Nr. 1222)

1880

Der Lokomotiven-Transport von der Fabrik in der Hirschau zur Zentralwerkstätte der Kgl. Bay. Staatsbahn war 60 Jahre lang ein vertrauter Anblick für die Münchner. Erst 1901 wurde endlich ein Anschlußgleis genehmigt. Der Maler C. Hering hat dieses Gemälde 1916 aus seiner Erinnerung geschaffen.

1891

Der Bau stationärer Dampfmaschinen und Dampfkessel bildete seit den Anfangsjahren der Firma einen wichtigen Fabrikationszweig.

Er war sozusagen das zweite Bein, mit dem sich der selten kontinuierlich fließende Auftragseingang im Lokomotivbau etwas regulieren ließ. Solange die Fernübertragung elektrischer Energie noch in den Kinderschuhen steckte, war man auf dezentrale Kraftanlagen angewiesen. Maffei hat hierfür in großer Zahl Dampfmaschinen und Kesselanlagen geliefert. Als dann die ersten zentralen Kraftwerke errichtet wurden, war das Unternehmen wieder mit von der Partie. Die Abbildung zeigt eine liegende Tandem-Erreger-Maschine, die im städt. Elektrizitätswerk München an der Isartalstraße aufgestellt war. Leistung 200 PS.

1883

Unter den ausländischen Lokomotivlieferanten der Schweiz stand Maffei an dritter Stelle. Ein besonders guter Kunde war die Gotthard-Bahn, die von 1882 — 1890 allein 31 Lokomotiven der Gattung D 4/4, Gruppe 1, für den Bergdienst erhielt.

1890

Nach Vorstellung von Anatol Mallets erster kleiner Versuchsmaschine für die Bayonne-Biarritz-Bahn wurde die erste „große" Lok nach diesem System von Anton Hammel für die Gotthard-Bahn gebaut. Sie sorgte für großes Aufsehen.

1892

Joseph Huber-Feldkirch, einer der bedeutendsten Kirchenmaler seiner Zeit, hat dieses Gemälde geschaffen, das Maffei's Dampfkesselschmiede zeigt. Huber hat nicht sehr viele Staffeleibilder gemalt, aber mit diesem, einem hervorragenden Beispiel für die Malerei des ausgehenden 19. Jahrhunderts, war er 1892 in der großen Kunstausstellung im Münchner Glaspalast vertreten.

1893

Hugo von Maffei erwarb 1881 die Dampfschiffkonzession für den Ammersee und die Amper.
Viele Erkenntnisse aus dem Betrieb dieser Schiffahrt sind in den folgenden Jahren beim Maffei-Dampfschiffbau berücksichtigt worden.
1906 wurden die Konzession und die gesamte Flotte an den bayerischen Staat verkauft.

Der Salondampfer „Gisela" lief am 12. September 1893 vom Stapel. Er war der größte Dampfer auf dem Ammersee und einer der schönsten Dampfer Maffei'scher Konstruktion. Das Schiff wurde nach 1918 in „Augsburg" umbenannt und fuhr 70 Jahre lang über den See, bis es 1964 vollständig betriebsbereit ausgemustert und verschrottet wurde.

1895

In den Jahren vor der Jahrhundertwende wurden die Lokomotiven größer und größer, die Genehmigung für ein Anschlußgleis zur Fabrik in der Hirschau aber ließ immer noch auf sich warten. Es waren schon sehr imposante Transporte, die sich da quer durch München bewegten. Zwei Straßenlokomotiven zogen die auf einen riesigen Anhänger verladene Lok und viele Arbeiter folgten dem Zug und reparierten an Ort und Stelle die entstandenen Straßenschäden.

1895

Das Kesselhaus des Muffatwerkes der städtischen Elektrizitätswerke München wurde von Maffei mit 10 Kombinations- und Wasserrohrkesseln mit einer Gesamtheizfläche von 1740 qm ausgestattet. Außerdem wurden auch sämtliche Dampfmaschinen für dieses Werk geliefert.

1897
Zweizylinder-Verbund-Schnell-
zuglokomotive mit einem, hinter
dem Drehgestell angeordneten,
Zylinder für die Bulgarische
Staatsbahn.

1900
Bilder aus der Maffei'schen Arbeitswelt um die Jahrhundertwende.
Viele Details erinnern noch an
die Anfangsjahre der Industriali-
sierung, doch sind auch schon
die ersten modernen Hallenkräne
eingebaut.

Gießerei

Schmiede

Kesselschmiede

1898
Für den Güterzugdienst in der
Pfalz wurde die Gattung G4 beschafft. Mit den meisten ihrer
Schwestern wurde die „Lud-
stadt", Betriebs-Nr. 220, Ende
1926 von der Reichsbahn ausgemustert.

Lokmontage

1901

Vor der Jahrhundertwende hat man die Wasserläufe, die die Hirschau durchzogen und wenig unterhalb der Fabrik in die Isar mündeten, zum „Eisbach" vereinigt. Eine neu errichtete Kraftzentrale war schon bald zu klein, sie wurde 1901 erweitert. Der Eisbach führt pro Sekunde 21,5 cbm Wasser und hat an der Stelle des Kraftwerkes ein Gefälle von 4,3 m. Das Foto zeigt die Unterwasserseite.

1901

Die Oberwasserseite des Kraftwerks in der Hirschau. Der Bau hat sein Aussehen in über 80 Jahren nicht verändert (die Aufnahme entstand 1986). Die Tivoli Handels- und Grundstücks-Aktiengesellschaft, die das Tivoli-Kraftwerk, wie es inzwischen heißt, seit 1948 betreut und nutzt, hat die unter Denkmalschutz stehende Anlage mustergültig restauriert. Die gesamte Wasserkraft des Eisbaches läuft nun über zwei neu installierte Francisturbinen. Eine der drei historischen Turbinen blieb mit ihrem Generator als Technik-Denkmal betriebsfähig erhalten. Die Dampfreserve des Kraftwerks ist seit der Aufgabe des Standortes Hirschau durch Krauss-Maffei in den 30er Jahren abgebaut.

1901

In der Maffei-Kraftzentrale wurden drei Francisturbinen mit je 330 PS installiert. Außerdem waren zum Einsatz bei Niedrigwasser, Eisgang und der alljährlichen Bachauskehr drei stehende Verbund-Tandem-Dampfmaschinen eigener Konstruktion mit ebenfalls je 330 PS und später auch noch eine Dampfturbine aufgestellt. Drei Nebenschluß-Dynamos mit je 280 kW Leistung waren einerseits mit den Turbinen und andererseits mit den Dampfmaschinen durch Lederkupplungen verbunden.
Die Dampfturbine, ebenfalls eigenes Fabrikat, System Melms & Pfenninger, war mit zwei Generatoren à 350 kW aus den Maffei-Schwartzkopff-Werken in Berlin gekuppelt.

1902

Liegende Tandem-Ventil-Dampfmaschine für den städtischen Schlachthof in München.

1902

Die Güterzuglokomotive der Gattung C VI wurden auch zur Beförderung von Ausflugszügen an Wochenenden eingesetzt.

1902

Diese Rangierlok der Kgl. Bay. Staatsbahn, Gattung D II, erhielt 1925 die neue Betriebs-Nr. 89638. Bis Ende 1955 war sie im Einsatz, zuletzt beim Bw Bamberg.

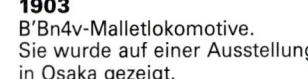

1903

B'Bn4v-Malletlokomotive. Sie wurde auf einer Ausstellung in Osaka gezeigt.

1902

Vierzylinder-Verbund-Naßdampf-Lokomotive Gattung II^d für den Schnellzugdienst auf der Badischen Rheinstrecke von Heidelberg nach Basel. Maffei lieferte als Gewinner einer großen Ausschreibung zehn Lokomotiven.

1902/1985

Die „J. A. Maffei", Fabrik-Nr. 2312, wurde für die Überführungsfahrten auf dem endlich genehmigten Anschlußgleis zum Bahnhof Schwabing in Dienst gestellt. Nach wechselvollem Werkseinsatz und längerer Abstellzeit hat sie der Bay. Localbahn-Verein erworben. Frisch restauriert wurde sie am 1. Mai 1985 im Bahnhof Tegernsee wieder in Betrieb genommen.

1904
Diese kleine Tenderlok mit
hinterer Laufachse ging an das
Handelshaus Takata & Cie in
Tokio.

1904
Maffei hat anspruchsvolle Werkzeugmaschinen für den eigenen
Bedarf selbst konstruiert und gebaut. In großer Anzahl wurden
sie auch an andere Unternehmen
verkauft.

Maffei-Hobelmaschine

Maffei-Drehmaschine

1905
Für die Societá Veneta in
Vicenza/Italien wurden zwei Per-
sonenzugtenderlokomotiven mit
den Betriebs-Nr. 81 und 82 gebaut.
(Fabrik-Nr. 2509/2510)

1905
Der Halbsalondampfer „Lindau"
der Kgl. Bay. Staatsbahn fuhr von
1905 bis 1959 über den Bodensee.
Er war mit einer liegenden Zwei-
Zylinder-Verbund-Kondensations-
Dampfmaschine mit 500 PS ausgestattet. Zwei Kessel lieferten
den Dampf.
Von 1888 bis 1912 hat Maffei insgesamt sechs Dampfer für den
Bodensee gebaut.

1905

Zur Herstellung von Dampfturbinen wurde die Firma Melms und Pfenninger KG gegründet, bei der J. A. Maffei maßgebenden Einfluß hatte. Melms, ein Amerikaner, trat nur vor dem ersten Weltkrieg in Erscheinung, Pfenninger war Schweizer.

Die von Melms und Pfenninger konstruierten Dampfturbinen wurden bei Maffei gebaut, die Geschäftsräume der Firma lagen innerhalb des Werksgeländes in der Hirschau. Das Lieferprogramm umfaßte Kleinturbinen und Kondensationsturbinen bis zu einer für die damalige Zeit beachtlichen Größe. In besonders großer Stückzahl wurde in den Anfangsjahren eine Kleinturbine für den Antrieb eines Stromerzeugers zur Beleuchtung von Dampflokomotiven gebaut.

1906

Anläßlich von Umbauarbeiten im Nürnberger Verkehrsmuseum war die S 2/6 der Kgl. Bay. Staatsbahn, die legendäre Weltrekord-Lokomotive von 1906, ausquartiert und im Bw Nürnberg-Hauptbahnhof vor der Sandsteinfassade des Verwaltungsgebäudes zu bewundern (27. Okt. 1983).

1906

Diese 1'B-Tenderlok ging an die Helsingör-Hornby-Eisenbahn in Dänemark.

1907

600-mm-spurige Baulokomotive
mit einer Kesselleistung von
40 PS für die Bauunternehmung
M. Brenner in Magdeburg.

1906

Für den Vorspann- und Schiebe-
dienst auf der Gotthardbahn
wurden 1906/07 von Maffei
8 Vierzylinder-Verbundlokomotiven mit der Achsfolge 1'D gebaut. Es waren die seinerzeit
leistungsfähigsten Dampflokomotiven der Schweiz. Auf den Steil-
rampen der Gotthardbahn zogen
sie ein Zuggewicht von 180 t mit
40 km/h.

Die Übernahme der Gotthard-
bahn durch die Schweizerische
Bundes-Bahn stand bei Lieferung
kurz bevor, die Lokomotiven erhielten deshalb von Anfang an
bereits die endgültigen SBB-
Nummern 2801 bis 2808. Die
Maffei-Fabrik-Nummern waren
2576 bis 2583.

Von den Firmen Krauss und
Maffei sind insgesamt 158
Dampflokomotiven an Schweizer
Bahnen geliefert worden. Das
waren ca. 9% aller jemals in der
Schweiz eingesetzten Dampfloko-
motiven.

1906

Die Postverwaltung der Schweiz
hat am 18.2.1982 zur Erinnerung
an die vor 100 Jahren erfolgte
Eröffnung der Gotthard-Bahn
zwei Sonderpostmarken heraus-
gegeben.

Die beiden mit einem Zwischensteg verbundenen 40 Rp.-Marken
von Celestino Piatti, Duggingen,
schlagen eine Brücke zwischen
alt und neu; auf der einen Seite
eine von Maffei in München gebaute Dampflokomotive des Typs
C 4/5 (Nr. 2805) der ehemaligen
Gotthard-Bahn aus dem Jahre
1906, vor allem im schweren Vor-
spann- und Güterzugdienst eingesetzt; auf der anderen Seite
als Kontrast eine der neuen, starken Mehrzweck-Elektroloks des
Typs Re 6/6 (Baujahr 1972 — 81,
gebaut von SLM/BBC), mit einer
Leistung von 10 600 PS und einer
Höchstgeschwindigkeit von 140
km/h. Der nicht frankaturgültige
Zwischensteg soll den Menschen
in den Vordergrund rücken und
zeigt einen Ausschnitt aus dem
vom Tessiner Künstler Vincenzo
Vela (1820 — 1891) geschaffenen
Arbeiterdenkmal auf dem Bahn-
hofplatz in Airolo.

1907
Im August wurde die erste deutsche „Pacific"-Lokomotive, Achsfolge 2'C1', Gattung IV^f, an die Badische Staatsbahn geliefert. Der Treibraddurchmesser betrug 1800 mm.

1908
Vierzylinder-Verbund-Güterzuglokomotive, Gattung VIIIe, für die Badische Staatsbahn.

1908
Kurz vor der Verstaatlichung erhielt die Gotthard-Bahn von Maffei und SLM-Winterthur noch je vier Vierzylinder-Verbundlokomotiven der Gattung A 3/5.

Rahmenbau

Werkzeugmaschinen-Halle

1908
Sechs dieser, der bayerischen S 3/5 ähnlichen, 2'Cn4v-Schnellzuglokomotiven mit 1672 mm Breitspur wurden an die portugiesische Staatsbahn geliefert.

1908
Das Werksmodernisierungs- und Ausbauprogramm, das mit dem Bau der Kraftzentrale begonnen hatte, wurde mit dem Bau neuer Hallen fortgesetzt. In einem Firmenprospekt wurden sie beschrieben:
„Den Rahmenbau umfaßt eine vierschiffige hohe Halle von 90 m Länge, mit Sattel-Oberlicht und Ventilation reichlich versorgt. Hier werden außer den Lokomotiv- und Tenderrahmen die Wasserkästen und die Führerhäuser gebaut.
Eine Halle ist für die Steuerungsteile und Kurbelstangen, sowie Bremsteile reserviert. Große Stoß- und Hobelmaschinen, sowie Blechwalzen zum Geraderichten und Einrollen der Bleche bilden die Einrichtung.
Die elektrische Kraft für die Einzel- und Gruppenantriebe stellt die eigene Wasserkraftzentrale. Die Werkzeugmaschinen-Halle mißt 120 m in der Länge und 60 m in der Breite, hat ringsum einen Gallerieeinbau und ist mit den neuesten Errungenschaften auf dem Gebiete der Technik ausgestattet. Hier werden Werkzeugmaschinen und Luftdruckhämmer, sowie Werkzeuge angefertigt."

1908
Die in der Hirschau gebauten Dampfschiffe wurden — in einzelne Sektionen zerlegt — zu den Werfthallen an den Bayerischen Seen gebracht und dort montiert. Das Foto zeigt den Ammerseedampfer „Dießen" kurz vor dem Stapellauf in der Werfthalle in Stegen.
Die „Dießen" ist der letzte während der Sommermonate noch regelmäßig eingesetzte Maffei-Raddampfer. Seine Dampfmaschine wurde 1975 durch Dieselmotoren ersetzt.

1908
Liegende Kolbenschiebermaschine mit Gabelbalken für das Hotel Vier Jahreszeiten in München, Fabriknummer 540.

1908
Frauen waren in Maschinenbau-
betrieben vor dem 1. Weltkrieg
nur sehr vereinzelt anzutreffen.
Bei Maffei wurden Arbeiterinnen
erstmals zur Fertigbearbeitung
von Dampfturbinenschaufeln für
die Turbinen von Melms und
Pfenninger in größerer Anzahl
eingestellt und angelernt.

1908
Auf der Gewerbeausstellung in
München präsentierte J. A. Maffei
die soeben fertiggestellte S 3/6
mit der Betriebs-Nr. 3602.

1909
Die Heißdampf-S 3/5 mit der
Betriebs-Nr. 3365 mußte 1919 als
Reparationslok an die Franzö-
sische Ostbahn abgegeben
werden.

1909
„Bagdad" hieß eine der drei
1'C1'n2-Tenderlokomotiven,
Fabrik-Nr. 3112 — 3114, die für die
Strecke Mersin-Adena der
Bagdad-Bahn geliefert wurden.

1909
Der erste Versuch einer elektrischen Lokomotive von Maffei für die Badische Staatsbahn. Die Siemens-Schuckert-Werke (SSW) lieferten die elektrische Ausrüstung.

1910/1984
Für den Güterzugdienst erwarb die Barmer Bergbahn diese kleine Bo'Bo'-Ellok, eine frühe Drehgestell-Lokomotive für 500 V Gleichstrom. Nach Einstellung des Güterverkehrs auf der Wuppertaler Straßenbahn kam die Lok zu dem österreichischen Eisenbahnunternehmen Stern & Hafferl. Auf der Strecke Lambach-Vorchdorf steht sie noch immer in planmäßigem Einsatz.

1909
Nach der Jahrhundertwende fingen auch die Brauereien an, ihre Produktionsstätten zu mechanisieren.
Maffei war — in der Stadt des Bieres — mit dabei. Noch vor dem 1. Weltkrieg hieß es in einem Prospekt:
„Während früher die Arbeit auf den Grünmalztennen ausschließlich von Hand geschehen mußte, können jetzt durch unsere Tennen-Keimgut-Wender-Anlagen alle Manipulationen durch Maschinen erledigt werden. Eine Reihe deutscher und auswärtiger Brauereien in Österreich, Frankreich und Schweden hat Maffei'sche Wenderanlagen."
Die Abbildung zeigt einen Grünmalzwender mit Ausbreiter.

1910
Die Schweizer Bodensee-Toggenburg-Bahn erhielt neun 1'C1'-Personenzug-Tenderlokomotiven. Nach der Elektrifizierung wurden sie 1932 an die Schweizer-Bundes-Bahnen (SBB) verkauft, die sie bis in die 60er Jahre im Einsatz hatten. Lok 6 ist als Denkmal in Degersheim erhalten, Lok 9 gehört betriebsfähig dem Dampflok-Club Herisau.

1910
Die an die Ferrovia Rezzato gelieferte „Vestone" erinnert in ihrem Gesamtkonzept stark an die bayerische D VII.

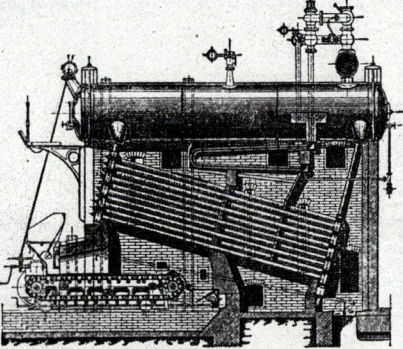

1910
Auf dieser Luftaufnahme der Fabrik in der Hirschau sind die neu errichteten großen Werkhallen und das Kraftwerk über dem „Eisbach", der wenig später in die Isar mündet, gut zu erkennen Auf der anderen Isarseite ist das Münchner Nobelviertel „Herzogpark" im Bau.

54

1912
Die EG 501 war für die K. Preuß. Staatsbahn bestimmt. Sie hatte noch reinen Versuchscharakter, bereits 1923 wurde sie ausgemustert.

1911
Die erste G 5/5 der Kgl. Bay. Staatsbahn wurde mit einem Phantasiefirmenschild versehen und auf einer Ausstellung in Turin gezeigt.

1912
Zwei C'Cn4v-Malletlokomotiven gingen über die Firma Matheson & Co. an die Eisenbahn Huelva-Zafra in Spanien. Eine dritte folgte 1922.

1912
Baulokomotiven mit 30 PS und 760 mm Spurweite wurden in dieser Ausführung in großer Anzahl geliefert.

1911
2'C2'-Naßdampf-Personenzug-Tenderlokomotive für die Madrid-Saragossa-Alicante-Eisenbahn.

1912
Schwere, fünffach gekuppelte Waldbahnlokomotive mit Überhitzer und Speisewasservorwärmung für die Holzverkohlungsindustrie Konstanz, Fabrik-Nr. 3782.

1912
So sah der Innentitel des Maffei-Lokomotiv-Kataloges aus.

1912
Feuerlose Dampfspeicher-Lok für die Brauerei Kokenhof in Walmar, Spurweite 750 mm.

J.A. MAFFEI - MÜNCHEN

Telegramm-Adresse: Maffeiloco • A.B.C. Code 5th Edition

Gegründet 1838

Lokomotive „Bavaria"
Im Jahre 1844 für die Bayerischen Staatsbahnen geliefert
Dienstgewicht mit Tender: 30 t

Schnellzug-Lokomotive für die Bayerischen Staatsbahnen, gebaut im Jahre 1908
Dienstgewicht mit Tender: 141 t

1913
In den Jahren 1913 bis 1915 und 1922 wurden für die Rumänischen Staatsbahnen (CFR) insgesamt 60 Vierzylinder-Doppelzwilling-Schnellzuglokomotiven gebaut. Im Eisenbahn-Museum Bucuresti-Nord blieb eine davon erhalten.

1913
Die berühmte Steilrampen-Lokomotive Gt 2×4/4 war eine impo-
nierende Erscheinung.

1913
Die 2achsige Standardlok von
160 PS wurde für die Spurweiten
900, 1067, 1435 und 1676 mm
gebaut.

1913
Die erste Gt 2×4/4 zum Größen-
vergleich neben der bayerischen
D I.

1912
Für die Strecke Reutte — Gar-
misch — Mittenwald wurde die
erste bayerische Ellok-Gattung
EP 3/5 beschafft. Der elektrische
Teil dieser fünf Lokomotiven kam
von den kurz zuvor gegründeten
Maffei-Schwartzkopff-Werken
(MSW) in Wildau bei Berlin.

1913

Dieses Gemälde, um 1913 entstanden, zeigt die Firma J. A. Maffei zur Zeit ihrer größten Blüte. Die verschiedenen Wasserläufe, die das Fabrikgelände durchzogen, sind zum „Eisbach" vereinigt, der mit der Kraftzentrale überbaut ist. Neue, großzügige Werkhallen sind errichtet und rund 2500 Mitarbeiter beschäftigt.

1915/17

Die Bayerische „Kriegslokomotive" des 1. Weltkriegs war die G 4/5. Die 5502 wurde als zweite ihrer Gattung Ende 1915 abgeliefert. 1925 erhielt sie die Betriebs-Nr. 56 902.

J.A. MAFFEI
MÜNCHEN

Lokomotiven

Spezialabteilung.
Schmalspur- leichte
Normalspur u. feuer-
lose Lokomotiven.

Elektrolokomotiven
Dampfmaschinen
Dampfstrassenwalzen
Dampfturbinen
Dampfkessel
Werkzeugmaschinen
Grünmalzwenderanlagen.

1919

Die größte Maffei'sche „Pacific"-Lokomotive war die IV^h der Badischen Staatsbahn. Sie ist noch kurz vor dem Ende der Länderbahn-Ära entstanden.

1919

Die berühmte Vierzylinder-Verbund-Schnellzuglokomotive „IV ^{h}" für die Badische Staatsbahn war Blickfang dieser Werbeanzeige.

1921
Für die Reichsbahndirektion Karlsruhe als Nachfolgerin der ehem. Großherzoglich Badischen Staatsbahn wurden 30 Rangierlokomotiven der badischen Gattung X^b gebaut.

1920
Von 1920 bis 1924 lieferte Maffei nochmals 90 Lokomotiven der weiterentwickelten G 5/5.

1921
In zwei Serien wurden noch mit ihren bayerischen Betriebsnummern 80 Maschinen der Heißdampflok P 3/5 an die Gruppenverwaltung Bayern der Deutschen Reichsbahn geliefert.

1921
Eine 600-mm-spurige Baulokomotive wurde von der Firma Held & Francke per Straßentransport an ihren Einsatzort gebracht.

Die Lokomotivfabrik Krauss & Comp. AG
übersteht schwierige Jahre
und bleibt
ein selbständiges Unternehmen

Nachfolger von Krauß als Vorsitzender des Aufsichtsrats wurde Dr. Carl von Linde, Professor an der Technischen Hochschule in München und Pionier auf dem Gebiet der Kältetechnik. Linde war ab 1866 als junger Ingenieur einige Jahre bei Krauss tätig und rechte Hand von Georg Krauß beim Aufbau und der Leitung des Werkes. Aber auch mit der Konstruktion von Lokomotiven hat er sich damals befaßt.

Nach 1880 hat sich die Stadt München weiter rasch ausgedehnt. Noch zu Lebzeiten von Krauß hat man sich deshalb nach einem neuen Grundstück umgesehen und außerhalb der Stadt München in Allach — die Eingemeindung nach München erfolgte erst 1938 — Ackerland aufgekauft, zusammen mit späteren Arrondierungen insgesamt rund 600.000 m².

Krauss hatte am Marsfeld keine eigene Gießerei. Grauguß wurde von der Eisengießerei AG Sugg & Comp., München bezogen. An dieser Firma hat sich Krauss zunächst beteiligt, später wurde sie ganz erworben und 1920 mit der Lokomotivfabrik fusioniert. Der Betrieb lag in der Nähe des Sendlinger Filialwerks. Stahlguß, der in zunehmendem Umfang und in immer größeren Stückgewichten benötigt wurde, mußte von fremden Lieferanten bezogen werden und da gab es in den Jahren der Hochkonjunktur nach der Jahrhundertwende schlimme Erfahrungen mit verspäteten Lieferungen und mangelhafter Qualität. So hat man sich 1907 entschlossen, in Gemeinschaft mit Gustav Krautheim, einem Gießereifachmann aus Chemnitz, auf dem neu erworbenen Grund in Allach eine Stahlformgießerei für Stahl- und Temperguß zu errichten. Das Unternehmen erhielt den Namen „Bayerische Stahlformgießerei Krautheim & Comp. GmbH". Krauss war zu 50 % beteiligt, im Herbst 1908 erfolgte die Inbetriebnahme. Der Stahl wurde in einer Siemens-Martin-Anlage erschmolzen, von Anfang an wurden auch fremde Abnehmer beliefert. Nach dem 1. Weltkrieg übernahm Krauss die restlichen Anteile, 1921 erfolgte die Fusion mit der Lokomotivfabrik.

1925
46 Jahre lang, von 1898 bis 1944,
hat Landesbaurat Hans Georg
Krauss — er war mit dem Firmengründer nicht verwandt — die
Weichen zunächst bei Maffei und
später bei Krauss und Krauss-
Maffei gestellt.

Lokomotivfabrik
Krauss & Comp. Akt.-G., München

*

Lokomotiven
Jeder Bauart und Spurweite für alle Betriebszwecke

*

Spezialität:
Tenderlokomotiven
System Krauss

*

Eisenbahn-Sicherungs-Anlagen * Eisen-, Stahl- und Temperguß

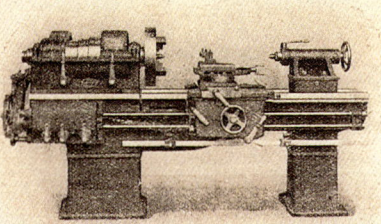

Erstklassige
Werkzeugmaschinen:
Drehbänke und Hobelmaschinen

*

Vollständige, moderne
Torfgewinnungs-Anlagen

Die stete Aufwärtsentwicklung des Unternehmens, die vor allem durch große Auslandsaufträge begünstigt war — in manchen Jahren wurde bis zu 70 % der Produktion exportiert —, kam aufgrund einer starken Depression in den Jahren 1908 bis 1912 ins Stocken. Nur das Linzer Werk war während dieser Zeit gut beschäftigt sowie die Abteilung für das Eisenbahnsicherungswesen mit vergleichsweise jedoch geringem Umsatzanteil. Kaum hatte sich das Geschäftsklima erholt, folgte der 1. Weltkrieg, der zwar die Auslandslieferungen wieder reduzierte, dafür aber vermehrte Aufträge für die Kgl. Bay. Staatsbahn und die Heeresverwaltung brachte. Auch nach dem Krieg lief das Lokomotivgeschäft noch relativ gut.

Von 1924 bis 1928 blieben jedoch Inlandsaufträge von der Deutschen-Reichsbahn-Gesellschaft, die 1920 nach der Fusion der Länderbahnen entstanden war, weitgehend aus. Auslandsaufträge konnten nur in geringer Zahl und zu stark gedrückten Preisen hereingenommen werden. So war nun auch für Krauss die Zeit kontinuierlicher Lokomotivfertigung vorbei, andere Produktionszweige mußten aufgebaut werden.

Es ist das Verdienst von Landesbaurat Hans Georg Krauss, der am 1. Oktober 1916 in den Vorstand berufen wurde, das Unternehmen mit äußerster Sparsamkeit über die schwierigen 20er Jahre gebracht und am Leben erhalten zu haben. Er war mit dem Firmengründer nicht verwandt, aber es wurde damals allgemein als gutes Omen betrachtet, daß er seinen Namen trug. Krauss hatte sich zuvor bereits bei Maffei 18 Jahre lang als Lokomotivfachmann einen hervorragenden Ruf erworben. Er hat den weiteren Ausbau des Werkes in Allach betrieben, schließlich Ende 1930 die Vereinigung der beiden Münchner Lokomotivfabriken erreicht und die Konzentration des gesamten Werkes in Allach durchgeführt. Hans Georg Krauss hat das Unternehmen fast 28 Jahre lang, davon viele Jahre als Alleinvorstand, bis zum 1. Juli 1944 geleitet.

Nachdem die Eisenbahn-Verkehrs-Anstalt Wien, die 1918 schon das Linzer Werk gekauft hatte, zusammen mit deutschen Konsorten 1920 bei Krauss die Aktienmehrheit erworben hatte, begann 1921 — wie schon vor dem 1. Weltkrieg geplant — der Aufbau neuer Werkstätten in Allach. Insbesondere die platzintensiven und umweltsensiblen Betriebsteile wurden verlagert, der erste Bauabschnitt war Ende 1922 beendet. 1922 wurden auch erstmals zwei Belegschaftsangehörige in den auf 10 Mitglieder erweiterten Aufsichtsrat gewählt.

Aufgrund kriegsbedingter Nachfrage wurde 1916 mit dem Bau leistungsfähiger, spanabhebender Maschinen für den allgemeinen Maschinenbau begonnen. Als Mitte der 20er Jahre weitere Aufträge jedoch völlig ausblieben, wurde dieser Produktionszweig wieder aufgegeben. Eine 1924 getroffene Vereinbarung mit der Berna AG, Olten, Schweiz, ermöglichte Krauss die Herstellung und den Vertrieb von Berna-Lastkraftwagen in Deutschland. Der erste von Krauss gebaute LKW wurde 1925 auf der großen Verkehrsausstellung in München gezeigt. Bei staatlichen, kommunalen und privaten Abnehmern waren die Krauss-LKW schnell sehr beliebt. Als die Firma Berna von der Firma Saurer übernommen wurde, mußte Krauss die LKW-Fertigung 1929 aufgeben.

1907

Die für den Münchner Vorortverkehr bestimmte 1'B1'-Heiß-
dampf-Tenderlok der Gattung
Pt 2/4 wurde von Krauss erst-
malig auf der Gewerbeausstellung 1906 in Nürnberg präsentiert. Die abgebildete 5009 verließ
das Werk als letzte Lok der ersten
Serie am 26. Oktober 1907. Sie
war bis Anfang der 30er Jahre im
Einsatz.

1907

Über die Hamburger Firma Carl
Rohde wurden drei dreiachsige
Tenderlokomotiven mit Spurweite
1 067 mm an die Kobu-Eisenbahn
in Japan geliefert.

1909

Die erste elektrische Lokomotive
wurde am 19. Mai an die Localbahn AG (LAG) für die Strecke
Murnau — Oberammergau ge-
liefert. Abgesehen von einem
neunjährigen Gastspiel als Rangierlok in Heidelberg war sie bis
1981 auf ihrer Stammstrecke im
Einsatz. Heute gehört sie zum
betriebsfähigen Museumsbestand
der Deutschen Bundesbahn, ihr
Heimatort ist Garmisch.

1909
Mit einer Höchstgeschwindigkeit
von 65 km/h wurde die Pt 2/3 für
den Vorortverkehr der größeren
Städte entwickelt. Später wurde
diese Gattung auch im Lokal-
bahndienst eingesetzt.

1908
Auf freiem Feld entstand in
Allach unter Beteiligung von
Krauss & Comp. die Bayerische
Stahlformgießerei Krautheim &
Comp. GmbH, die Keimzelle der
heutigen Krauss-Maffei Gieß-
technik GmbH.

1909
Elektrische Doppellokomotive für
die Bern-Lötschberg-Simplon-
Bahn. Die elektrische Ausrüstung
lieferte die AEG.

1910

Eine technische Besonderheit war die erste Münchner U-Bahn. Krauss baute eine elektrisch betriebene Tunnelbahn zur Beförderung der Briefpost zwischen dem Hauptbahnhof und dem Hauptpostamt an der Arnulfstraße. Die elektrische Ausrüstung des unbemannt fahrenden „Lokomotivchens" lieferte SSW. Je ein Fahrzeug befindet sich heute in den Sammlungen des Deutschen Museums und des Verkehrsmuseums in Nürnberg.

1911

Die stärkste Lokalbahnlok war die 1911 erstmals gebaute GtL 4/4. Mit verschiedenen Verbesserungen wurden bis 1927 insgesamt 117 Maschinen an die Staats- bzw. Reichsbahn geliefert. Auch die LAG und die Tegernseebahn beschafften je zwei GtL 4/4.

1912

Für die einzige bayerische Zahnradbahn der Kgl. Bay. Staatsbahn von Erlau nach Wegscheid (bei Passau) wurden vier PtzL 3/4 geliefert. Die 4102, später 97102, wurde als erste 1954 ausgemustert.

1912
600-mm-spurige Waldbahnlokomotive mit zweiachsigem Tender
für die Firma W. Ebe in Buenos
Aires.

1912
Feuerlose Dampfspeicherlokomo-
tive für das Heizkraftwerk des
Städt. Krankenhauses München-
Schwabing. Sie steht heute als
Denkmal liebevoll restauriert im
Ausbildungszentrum der Stadt-
werke München.

1913
Die Fabrik-Nr. 6731 ging an die
meterspurige Ferrocarril Santan-
der-Bilbao in Spanien.

1913

Nach 1880 war die Stadt München stark gewachsen und das Werk am Marsfeld lag nun beinahe schon mitten in der Stadt. Da es keine Expansionsmöglichkeiten gab und die größtenteils noch vor den Gründerjahren errichteten Werkstätten in keiner Weise mehr den Anforderungen entsprachen, begann man sich mit Neubauplänen in Allach vertraut zu machen.

Doch durch den 1. Weltkrieg kam es zunächst noch einmal zu einem Aufschub dieses Vorhabens.

1914

Für den Steilrampenbetrieb Reichenhall — Berchtesgaden erhielt die Kgl. Bay. Staatsbahn vier elektrische 1'C2'-Personenzuglokomotiven mit hinterem Lottergestell. Die Zugheizung erfolgte anfangs noch mit Dampf, wie an dem Kamin über dem vorderen Führerstand zu erkennen ist.

1915

Die ersten Hauptbahnlokomotiven mit dem später weit verbreiteten Tatzlagerantrieb und der Achsanordnung Bo'Bo' waren die zwei EG 4×1/1 der Kgl. Bay. Staatsbahn, später E 7301 und 02 der Deutschen Reichsbahn.

1914
Blick in die Lokmontage im Linzer
Filialwerk.

1914
Bei Ausbruch des 1. Weltkrieges
war das Zweigwerk in Linz zu
einer stattlichen Fabrik heran-
gewachsen.

1916

Während man bei J. A. Maffei den Bau von Werkzeugmaschinen aufgrund des unzureichenden Angebots bereits um die Jahrhundertwende aufnahm, war für Krauss die kriegsbedingte Nachfrage Anlaß, spanabhebende Maschinen herzustellen. Doch bereits Mitte der 20er Jahre wurde dieses Geschäftsfeld wieder verlassen.

Drehmaschine

1918

Auch Krauss war am Bau der G 4/5 beteiligt. Als letzte wurde am 23. März die Betriebs-Nr. 5555 abgeliefert. Sie kam 1919 als Reparationsgut zur Französischen Staatsbahn.

1919

Eine robuste und vielseitig verwendbare Lokomotive war die G 3/4, die von 1919 — 1923 in 225 Exemplaren von Maffei und Krauss gebaut wurde und in größerer Anzahl noch bis Anfang der 60er Jahre bei der Deutschen Bundesbahn im Einsatz war.

1920
Die Eisengießerei AG. Sugg &
Comp. im Münchner Stadtteil
Sendling lieferte den Grau- und
Rotguß für die Lokomotivfabrik.
Krauss war an diesem Unternehmen zunächst beteiligt, später
wurde es voll übernommen und
1920 mit der Muttergesellschaft
fusioniert. 1937 wurde der Standort Sendling aufgegeben.

1923
Die 8000. Krauss-Lok, die Pt 3/6
Nr. 6110, wurde am 15. März fest-
lich geschmückt an die Deutsche
Reichsbahn übergeben. Sie
wurde vor der Elektrifizierung im
schweren Personenzugdienst auf
der Strecke München-Garmisch
eingesetzt.

1923
Der nach dem 1. Weltkrieg gegründete Engere-Lokomotiv-
Normen-Ausschuß (ELNA) schuf
für Privatbahnen eine standardisierte Lok-Typenreihe.
Dieser Vierkuppler mit der Fabrik-
Nr. 8063 wurde an die AG für Verkehrswesen geliefert. Er kam als
Betriebs-Nr. 122 an die Haff-Ufer-
bahn in Ostpreußen.

1922
Der erste Bauabschnitt des sog.
Neuwerks in Allach war vollendet.

1924
Dieses „Bockerl" war für die
meterspurigen Bahnen in der
Pfalz bestimmt. Dort führten die
Schmalspurloks zur Unterschei-
dung von den normalspurigen
Lokomotiven römische Ziffern.

1924
Von der Berna A.G., Olten,
Schweiz, wurde eine Lizenz für
den Nachbau von Lastkraftwagen
mit 3 und 5 t Nutzlast erworben.
Die Fahrgestelle und Aufbauten
wurden im Werk Marsfeld hergestellt, die Motoren und andere
Aggregate aus der Schweiz bezogen. Abnehmer gab es vorwiegend im süddeutschen Raum,
aber auch die Reichspost war
Kunde.
Nach dem Zusammenschluß der
Firma Berna mit dem Schweizer
Lastwagenhersteller Saurer
wurde die Zusammenarbeit 1929
beendet.

1924
1'C-ELNA-Lokomotive für die Halle-Hettstedter-Eisenbahn auf Probefahrt.

1925
In Anlehnung an die ELNA-Richtlinien entstand auch ein Fünfkuppler für die Kassel-Naumburger-Eisenbahn. Den drei 1925 gelieferten Lokomotiven folgten 1938 und 1941 noch je eine weitere von Krauss-Maffei.

1925
Dies war die einzige von Krauss — wohl auf eigene Rechnung — gebaute Diesellok.

1927
Erste elektrische Serienlokomotive mit Einzelachsantrieb in Deutschland war die „bayerische" ES 1 bzw. später E 16. Sie hatte im Rahmen festgelagerte Fahrmotoren, die Drehmomentübertragung erfolgte mit dem Schweizer Buchli-System. Die hier abgebildete E 16 07 wurde nach einer Laufleistung von mehr als 4,5 Mio km am 1. Mai 1974 ausgemustert. Seither steht sie im Deutschen Museum.

1925
Von der Fabrik am Marsfeld ist allein das Anfang der 20er Jahre errichtete Verwaltungsgebäude erhalten geblieben. Es wurde 1937 an die Deutsche Reichsbahn verkauft.

1925
Auf der großen Münchner Verkehrsausstellung haben die Stahlgießerei in Allach und die Eisengießerei in München-Sendling einen Querschnitt ihrer Erzeugnisse präsentiert.

Ein Teil der 150 Einzelboxen

Die Zufahrt zur Krauss-Garage an der Arnulfstraße

Die Waschhalle

1925
Hans Georg Krauss hatte die Zeichen der Zeit erkannt und gliederte dem Unternehmen eine Großgarage mit 150 Boxen sowie Reparaturwerkstatt und Waschhalle an. Sie lag in unmittelbarer Nähe der Lokomotivfabrik. Krauss-Maffei hat sich erst 1952 davon getrennt.

1925

Eine Krauss'sche Spezialität waren die von Obering. Martens konstruierten 2'C1'-Liliputlokomotiven, Spurweite 381 mm. Erstmals wurden sie auf der ebenfalls von Krauss erbauten Liliputbahn anläßlich der Verkehrsausstellung 1925 auf dem Münchner Messegelände eingesetzt. Noch heute steht eine Anzahl von ihnen auf Ausstellungs- und Vergnügungsbahnen u.a. in Leipzig, Dresden, Wien und Stuttgart im täglichen Einsatz.

1926

Die für das eigene Werk gebaute Kranlokomotive mit einer 600 mm Baulokomotive am Haken zum Größenvergleich.

1929

Die letzte nach den Baugrundsätzen der ehem. Kgl. Bay. Staatsbahn entworfene Lokgattung war die als Weiterentwicklung der GtL 4/4 gebaute GtL 4/5 mit hinterem Krauss-Helmholtz-Gestell. Die letzten 24 der insgesamt 45 gebauten Loks wurden bereits von Krauss-Maffei geliefert.

1928

Mit der Aufstellung eines modernen 6-t-Elektrostahlofens hielt die Stahlgießerei in Allach mit der technischen Entwicklung Schritt.

Die bereits 20 Jahre in Betrieb befindliche Siemens-Martin-Anlage blieb als Reserve bestehen.

Die letzten Jahre der Firma J. A. Maffei

Nach 1918 gab es schwere Jahre. Die Lokomotivproduktion kam zwar zunächst bis 1924 nochmals voll in Fahrt, da die Reparationsforderungen der Siegermächte bedient werden mußten. Dann aber ging der Bedarf sehr stark zurück und die Deutsche Reichsbahn — sie war 1920 durch den Zusammenschluß der Länderbahnen entstanden — verteilte ihre wenigen Aufträge auf 22 Lokomotivfabriken im damaligen Reichsgebiet. Maffei kam dabei sehr schlecht weg. Da viele traditionelle Exportländer aus der Vorkriegszeit inzwischen begonnen hatten, eine eigene Lokindustrie aufzubauen, waren Ausfuhren sehr erschwert. Dennoch wurden bis 1928 noch 220 Lokomotiven in das Ausland verkauft, wobei viele Aufträge jedoch nicht mehr kostendeckend ausgeführt werden konnten.

Aufwendige Entwicklungsarbeiten für neue Produkte bei noch geringen Umsätzen zehrten an der Substanz des Unternehmens, für das nach dem Tod von Hugo von Maffei ab 1922 seine Söhne verantwortlich waren. Nach dem Ableben des langjährigen Direktors Anton Hammel im Jahr 1925 erfolgte unter einer neuen Direktion mit dem Ziel der Sanierung 1927 die Umwandlung der Firma in eine Aktiengesellschaft. Mit einer expansiven Vertriebs- und Produktpolitik wurde die Flucht nach vorn angetreten. Aber die Weltwirtschaftskrise setzte allen Bemühungen ein Ende. Nach Aktientransaktionen, bei denen die Maffei-Erben schließlich auf ihre Ansprüche verzichten mußten, kam es mit Wirkung vom 1. Januar 1931 zur Übernahme des Lokomotivbaus und einiger weiterer Produktionszweige sowie von rund 20 % der Belegschaft durch die Krauss & Comp. AG., die daraufhin den neuen Namen „Lokomotivfabrik Krauss & Comp. — J. A. Maffei AG" annahm. 1940 wurde der Firmenname — wie bereits 1931 vorgesehen, aber zunächst vom Registergericht nicht akzeptiert — in Krauss-Maffei AG geändert.

Das Maffei-Werk in der Hirschau wurde sofort weitgehend stillgelegt, in den 50er Jahren bis auf die Kraftzentrale vollständig abgetragen und das Gelände dem Münchner Englischen Garten einverleibt. Nur ein Produktbereich blieb noch einige Zeit in der Hirschau, der Zentrifugenbau, als Tochtergesellschaft von Krauss-Maffei unter dem Namen Industriewerke Hirschau AG, bis auch er in der neuen Firma aufging und in das Werk Allach verlegt wurde.

Die Geschichte des Zentrifugenbaus bei Maffei begann 1928 mit einem Vertrag über den Bau von Schlammschleudern mit Dr.-Ing. ter Meer, dem pensionierten Generaldirektor der Firma Hanomag, Hannover.

Dieses Unternehmen hatte aus Umstellungsgründen den Zentrifugenbau aufgegeben und alle Unterlagen Dr. ter Meer übereignet. Zunächst hat man, neben Schälzentrifugen mit ölhydraulischer Steuerung, Doppeltrommel-Zentrifugen gebaut. Die ersten Aufträge wurden für die Entwässerung von Stärke erteilt, die Geburtsstunde der heutigen Krauss-Maffei Verfahrenstechnik GmbH hatte geschlagen.

Noch zwei Jahre früher, 1926, begann bei Maffei der Bau von Straßenzugmaschinen. Man suchte Ersatz für den unrentabel gewordenen Werkzeugmaschinenbau und wurde auf ein neues Transportsystem aufmerksam, das die Münchner Spedition Frank soeben aus Paris importiert hatte: eine zweiachsige Sattelzugmaschine mit einem Spezialanhänger, hergestellt von der Firma Chenard & Walcker. Bei dieser Fahrzeugkombination konnte ein Teil der Vorderachslast des Anhängers durch Heraufspindeln der Anhängerdeichsel auf eine hinter dem Zugwagen-Fahrerhaus angebrachte Spindel auf die Zugmaschine übertragen werden. Maffei nahm eine Lizenz, zunächst wurden 100 importierte Teilesätze montiert, bis die Fertigung anlief. Sehr bald hat man dann mit eigenen Entwicklungen angefangen, die ab 1928/29 zur Auslieferung kamen. 1928 wurde in Zusammenarbeit mit dem Heereswaffenamt der damaligen Deutschen Reichswehr versuchsweise eine Zugmaschine mit einem Hilfskettenlaufwerk an der Hinterachse ausgerüstet. Dies war die Grundlage für den Bau von Halbkettenfahrzeugen für militärischen Einsatz.

J.A.MAFFEI MÜNCHEN 2

1922
Ein Jahr nach Hugo von Maffei's Tod war das Fabrikationsprogramm noch ganz auf „Dampf" ausgerichtet, wie dieser Werbeanzeige zu entnehmen ist. Sie erschien in einer Sonderausgabe, die die „Münchner Neuesten Nachrichten" aus Anlaß ihres 75jährigen Bestehens herausgebracht haben.

1922
Die erste Lok der letzten
Gt 2×4/4-Lieferung für die
Gruppenverwaltung Bayern der
Deutschen Reichsbahn präsen-
tierte sich im Oktober mit ocker-
farbenem Fotografieranstrich,
Messingzierblenden und Kronen-
kamin auf dem Überführungsgleis
im Englischen Garten.

1925
Zusammen mit Siemens-
Schuckert und AEG wurden
35 elektrische Lokomotiven der
Gattung EP 5, später E 52, mit der
Achsfolge 2'BB2' für den Schnell-
und Personenzugdienst auf den
von München ausgehenden
Strecken geliefert.

1924
Für den Verkehr auf den in den
20er Jahren elektrifizierten, von
München nach Süden führenden
Vorortstrecken wurden 29 Lokomotiven der Gattung EP 2, später
E 32, gebaut. Als erste stand
Ende 1924 die EP 2 mit der Betriebs-Nr. 20 006 unter der Kran-
bahn im Werkshof von J. A. Maffei.

1924
Das Motorboot „Stegen" für die Amperschiffahrt war das letzte Schiff aus der Maffei'schen Fabrik. Der Rohbau wurde in der Hirschau unter freiem Himmel montiert.

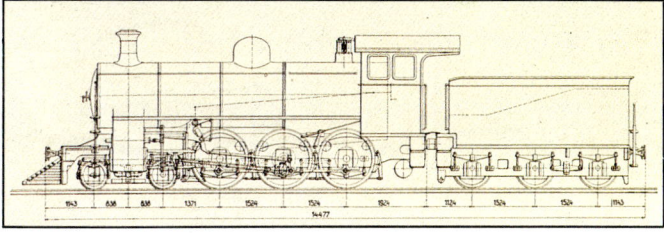

1925
Für die Linie Assuan — Luxor der Ägyptischen Staatsbahn wurden fünf 2'Cn2-Personenzuglokomotiven gebaut.
(Fabrik-Nr. 5646 — 5650)

1925
Messe-Präsentation in den 20er Jahren. Maffei zeigte einen Dampfhammer, eine Straßenwalze und ein Bohrwerk. Der Lokbau wurde durch Großfotos dokumentiert.

1925
Auf einer Ausstellung wurde
diese kleine Baulokomotive mit
600 mm Spurweite präsentiert.

1926
Schnittbild der Schnellzuglokomotive S 3/6, künstlerisch
meisterhaft und technisch exakt
vom Münchner Maler und
Grafiker Edmund Adam angefertigt.

1927
Mit der 18 520 wurde die letzte
S 3/6 der Bauserie „e" an die
Reichsbahn geliefert. Sie steht
nach Ausrüstung mit neuem
Kessel und Umzeichnung in
18 612 heute im Dampflok-
Museum in Neuenmarkt-
Wirsberg.

1926
Für den Güterzugdienst auf den
süddeutschen Strecken waren die
zwölf 1'BB1'-Lokomotiven der

Baureihe E 75 eingesetzt, deren
elektrischer Teil von MSW
stammte.

1926
Der Straßenfahrzeugbau begann bei Maffei mit dem Lizenzbau der Frankonia-Zugmaschine, System Chenard & Walcker.
Auf diesem Foto ist sie mit einem Sprengwagen der Firma Schörling, Hannover zu sehen. Ein Teil der Vorderachslast des Anhängers konnte durch Heraufspindeln der Anhängerdeichsel auf eine hinter dem Zugwagen-Fahrerhaus angebrachte Spindel auf die Zugmaschine übertragen werden.
Die erste Betriebserlaubnis wurde am 7. Mai 1927 erteilt.

1927
Die zwei elektrischen Güterzuglokomotiven der Baureihe E 79 waren für die Strecke Freilassing-Berchtesgaden bestimmt.

1927
Unter den Fabrik-Nr. 5683/84 erhielt die Lokalbahn Gotteszell-Viechtach die zwei schweren Dh 2-Güterzugtenderlokomotiven „Deggendorf" und „Bayerwald". Beide Maschinen befinden sich inzwischen im Besitz des Bay. Localbahn-Vereins für das Localbahn-Museum in Bayrisch-Eisenstein.

1927
Mit der Umwandlung in eine
Aktiengesellschaft kam neuer
Schwung in das Unternehmen.

1927
Die 1'C1' + 1'C1'-Garratloko-
motive, Betriebs-Nr. 1375, vor
einem schweren Güterzug in Süd-
afrika. Insgesamt zehn dieser
Lokomotiven, Class U, wurden
mit den Fabrik-Nr. 5673 — 5682
für die South African Railways
(SAR) gebaut.

1927
An die Südafrikanischen Eisen-
bahnen wurden für gemischten
Dienst 21 Lokomotiven geliefert.

1927
Von der Garrat-Union Class GH
hat Maffei zwei Lokomotiven an
die South African Railways (SAR)
geliefert.

1927
Mit auffallenden Werbeanzeigen wurde der Vertrieb der Straßenbaumaschinen unterstützt.

1927
Bis auf das Jahr 1880 ging bei Maffei der Bau von Dampfstraßenwalzen zurück. Größere Bedeutung erlangte er jedoch erst nach dem 1. Weltkrieg. Insgesamt sind 720 Dampfwalzen verschiedener Gewichtsklassen — von der 7-t-Einzelzylinder — bis zur 16-t-Mehrzylinder-Verbund-Walze gebaut worden. Zum Vertrieb der Walzen wurde die Firma Maffei & Jacob in Leipzig gegründet, ab 1927 war Maffei allein für den Vertrieb zuständig. Die Abbildung zeigt eine Walze aus diesem Jahr.

Eine 1923 gebaute Walze ist von den Krauss-Maffei-Auszubildenden zum 150jährigen Firmenjubiläum betriebsfähig restauriert worden.

1927
Die Firma Melms und Pfenninger
wurde aufgelöst und ganz von
Maffei übernommen. Eine neu
aufgelegte Werbebroschüre erhielt diese eindrucksvolle Titel-
seite.

Erinnerungsschild

1927
Die größte von Maffei gebaute
Dampfturbine mit Siemens-Dreh-
stromgenerator wurde an die
Stadtwerke München geliefert
und im Reserve-Dampfkraftwerk
an der Isartalstraße aufgestellt.
Sie hatte die damals beachtliche
Leistung von 10 000 PS.

1928
Maffei hatte zwar von Anfang an
eine eigene Eisengießerei, der —
insbesondere nach 1920 stark
steigende — Stahlgußbedarf jedoch mußte mit oft zu langen
Lieferzeiten und ungenügender
Qualität fremd bezogen werden.
So wurde eine damals hochmo-
derne Lichtbogen-Schmelzofen-
Anlage mit Handchargierung
errichtet, die später von der
Hirschau zu Krauss-Maffei in das
neue Werk Allach übernommen
wurde und dort noch jahrzehntelang in Betrieb war.

Elektroschmelzofen

1928
Maffei hat die Frankonia-Zugmaschine zum Typ ZM 10 weiterentwickelt. Die Motorleistung des Chenard & Walcker Vergasermotors betrug nun 36 PS. Dieser Schlepper wurde mit offenen und geschlossenen Fahrerhäusern geliefert.

1928
Eine Serie von 14 geländegängigen Zugmaschinen des Typs ZM 10 mit Hilfskettenlaufwerk und Mannschaftsaufbau wurde an die Reichswehr geliefert.

1928
In Zusammenarbeit mit dem Heereswaffenamt wurde auf der Basis der Zugmaschine ZM 10 ein militärisches Zugmittel mit Hilfskettenlaufwerk für den Einsatz im Gelände entwickelt. Das Hilfskettenlaufwerk bestand aus dem Hinterrad als Triebrad, einer Laufrolle und einem Umlenkrad. Bei Straßenbetrieb konnten die Gleisketten abgenommen und die Hilfsräder hochgezogen werden.

1928
Die Serienausführung der geländegängigen Zugmaschine ZM 10 hatte neben dem Mannschaftsraum geschlossene Kästen zur Aufnahme der Gleisketten.

1928
Parallel zum Dampfstraßenwalzenbau wurden ab 1926 auch Dreirad-Motorwalzen und später Tandem-Motorwalzen konstruiert und gebaut. Diese Walzen waren im Vergleich zum Angebot der Konkurrenz sehr fortschrittlich und so konnten bis 1930 insgesamt 307 Stück verkauft werden. Die Idee, als Ersatz für fehlende Lokaufträge mit Straßenbaumaschinen ins Geschäft zu kommen, hatten damals jedoch viele Firmen.
Die Folge waren Überkapazitäten und äußerst schlechte Preise. So haben am Ende der Dampf- und der Motorenwalzenbau trotz moderner Technik ganz erheblich mit zum Niedergang der Firma Maffei beigetragen.
Die hier gezeigten Walzen waren Teil eines Großauftrags für die UdSSR.

1928
Maffei-Zugmaschine ZM 10 mit angebautem Schneepflug und Schneepflug-Anhänger im Einsatz bei der Städtischen Straßenreinigung München.

1928
Zu einer Serie von Aquarellen des Malers Fischach mit Lokomotiven der Firmen Maffei, Krauss und Krauss-Maffei gehört auch die schwere Garrat-Lok.

1929
Die 1926 gebaute Versuchslokomotive mit Turbinenantrieb und Abdampfkondensation blieb ein Einzelgänger. Hier steht sie im März 1929 im Nürnberger Hauptbahnhof.

1930
Als letzte elektrische Lokomotiven wurden für den Einsatz auf den nicht elektrifizierten Gleisen des Münchner Südbahnhofs und der angeschlossenen Großmarkthalle fünf Lokomotiven der Baureihe E 80 mit wahlweiser Speisung aus der Fahrleitung bzw. mitgeführten Batterien an die Deutsche Reichsbahn geliefert.

1929
Als wesentlich verbesserte Weiterentwicklung des ZM 10 erschien der Typ MSZ 10 mit 60 PS Magirus-Motor. Die Spindelvorrichtung wurde nun nicht mehr von Hand, sondern durch den Motor vom Schaltgetriebe aus betätigt. Der MSZ 10 wurde schnell zur beliebten Zugmaschine der Möbel-Spediteure, Kohlenhändler und Straßen-Reinigungsbetriebe. Das Fahrzeug wurde im Laufe der Entwicklung wahlweise mit Otto- oder Dieselmotor geliefert.

1930
In der Zeitschrift des Vereins
Deutscher Ingenieure erschien
diese eindrucksvoll gestaltete
Werbeanzeige. Sie wurde zur Ab-
schiedsvorstellung der Firma
J. A. Maffei.

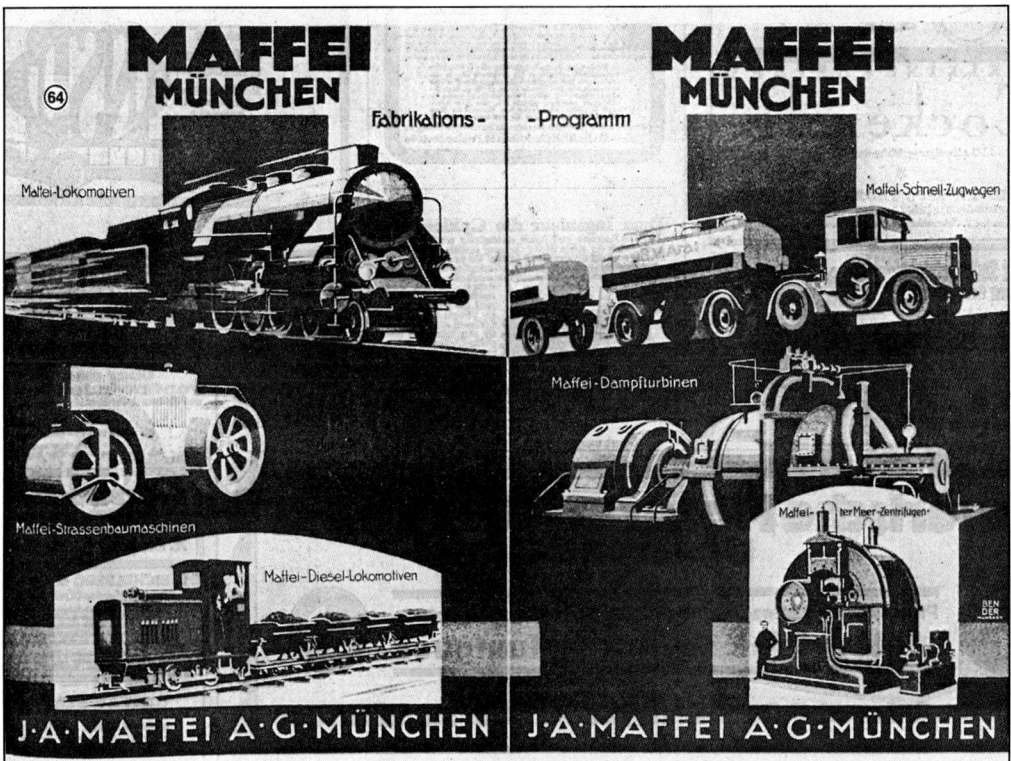

1930
12 000 Liter getrocknetes Material
pro Stunde hat diese Horizontal-
Doppelschälschleuder der Bauart
„ter Meer" geliefert.

1930
Siebtrommel für Horizontal-Dop-
pelschälschleuder, Bauart „ter
Meer" mit 2,5 m Durchmesser.

1929
Eine der ersten von Maffei gebauten Zentrifugen war diese
vollautomatische Schälschleuder,
Bauart „ter Meer" mit 2 m Trom-
meldurchmesser, 2 Schälrohren,
kompletter Steuerung und auto-
matisch gesteuertem Einlauf-
ventil.
Sie wurde im August 1929 an die
W. A. Scholten Stärke- und
Syrupfabriken, Landsberg a. W.,
geliefert.

1930
Der verbesserte Militär-Zugma-
schinentyp MSZ 201 war vergrößert und mit einem stärkeren
Vergasermotor ausgerüstet.
Das Hilfsgleisketten-Laufwerk
hatte nunmehr neben der Um-
lenkrolle zwei kleine Laufrollen.

Ein neuer Name und eine neue Fabrik — die Lokomotivfabrik Krauss & Comp. — J. A. Maffei AG in Allach

Mit der Übernahme der Aktienmehrheit von Krauss & Comp. durch die Deutsche Bank und Diskonto-Gesellschaft, Berlin, Ende 1930 war der nötige finanzielle Rückhalt für den Erwerb der noch verbliebenen Maffei'schen Aktivitäten zum 1. Januar 1931 gegeben.

Mit dem neuen Namen Lokomotivfabrik Krauss & Comp. — J. A. Maffei AG wurde alter Tradition Rechnung getragen und gleichzeitig ein Zeichen dafür gesetzt, daß auch die bayerischen Lokomotivfabriken dazu beigetragen haben, die nach dem 1. Weltkrieg zu Tage getretenen Überkapazitäten im deutschen Lokomotivbau abzubauen. Von den vor der Reichsbahngründung im Jahr 1920 in Deutschland ansässigen 22 Lokomotivfabriken waren 1931 noch neun übriggeblieben.

Doch zunächst erholte sich Deutschland nur sehr langsam von der Weltwirtschaftskrise. Lokomotivaufträge von der Deutschen Reichsbahn blieben weitgehend aus, außerdem betrug die Krauss-Maffei zugestandene Lieferanteilquote an den Gesamtbezügen der Reichsbahn nur 4,91%.

Das Produktionsprogramm der vereinten Firma umfaßte zu Beginn Dampflokomotiven aller Art und Spurweiten, elektrische Lokomotiven, feuerlose Lokomotiven, Motorlokomotiven, Kessel, Dampfturbinen, Rohrleitungen, Eisenbahnsicherungsanlagen, Dampf- und Motorstraßenwalzen, Zugwagen (Maffei-Schnellzugwagen), Elektrostahlguß, Grauguß und Rotguß. Außerdem wurde der Betrieb der Krauss-Großgarage fortgeführt.

Auch der Maffei-Zentrifugenbau wurde weitergeführt, hierfür jedoch eine eigene Firma gegründet, die Industriewerke Hirschau AG. Sie hat die Fabrikation der Zentrifugen zunächst noch in den Werkstätten der alten Firma Maffei betrieben.

Die Gehäuse der Schälschleudern, damals noch aus Gußeisen, wurden in der alten Krauss-Gießerei in Sendling gegossen. Als zweiter Zentrifugentyp kam dann 1933 die Pendelzentrifuge hinzu und später eine Schwenkarmzentrifuge. Am 1. Oktober 1944 ging der Zentrifugenbau voll auf Krauss-Maffei über.

Von der Maffei-Belegschaft konnte zunächst nur ein kleiner Teil übernommen werden. Viele ehemalige Maffei-Mitarbeiter blieben trotz hoher Qualifikation jahrelang arbeitslos; mit dem Mitte der 30er Jahre einsetzenden Aufschwung konnten sie teilweise zu Krauss-Maffei zurückgeholt werden.

Die schon vor dem 1. Weltkrieg geplante, aber erst nach dessen Ende begonnene Neustrukturierung von Krauss & Comp. war nach Beendigung des 1. Bauabschnitts 1922 — durch die Zeitumstände bedingt — zum Erliegen gekommen. Da man annahm, daß ein großer Teil der Belegschaft bei vollständiger Verlegung der Fabrik nach Allach das Unternehmen verlassen würde, war ursprünglich vorgesehen, die mechanischen Werkstätten und die Lokomotivmontage in — allerdings vollständig neu zu errichtenden — Hallen auf dem alten Gelände am Marsfeld zu belassen. Deshalb wurde dort in den Jahren 1922/23 auch noch ein neues Verwaltungsgebäude gebaut. Als dann 1932 an eine Fortsetzung der Ausbaupläne gedacht werden konnte, haben sich glücklicherweise die Stimmen durchgesetzt, die für die Verlegung der gesamten Fabrik nach Allach eintraten. Allach war damals noch eine selbständige Gemeinde, die Eingemeindung nach München erfolgte erst 1938.

Die Vereinigung der an vier Stellen in München betriebenen Werkstätten in Allach war bereits Ende 1935 weitgehend beendet, nachdem ursprünglich 5 — 6 Jahre vorgesehen waren. Insgesamt wurden rund 10 Mio. Mark verbaut. Die Finanzierung erfolgte zu einem Teil durch günstigen Verkauf der nicht mehr benötigten Grundstücke und Gebäude, in erheblichem Umfang aber durch Bankkredite. Die Fabrik wurde nach den damals neuesten Erkenntnissen gebaut; so wurden die einzelnen Werkstätten nicht mehr durch Zwischenhöfe getrennt, sondern in großen Hallen vereint und ein Grundgedanke war, daß jeder Quadratmeter Bodenfläche von einem Kran überfahren sein mußte.

1934 begann die Lieferung der ersten Halbketten-Zugmaschinen in größeren Stückzahlen an die Reichswehr. Hauptabnehmer war vor allem die neu aufgestellte Fliegertruppe. Die Entwicklung dieser Zugmaschine war nach 1930 in Zusammenarbeit mit dem Heereswaffenamt vorangetrieben worden. Sämtliche Halbkettenzugmaschinentypen von 1,5 bis 18 t der Reichswehr und später der Wehrmacht beruhten auf dieser Entwicklung. Krauss-Maffei selbst wurde zur Patenfirma der 8-t-Halbketten-Zugmaschine, die auch bei anderen Firmen in Lizenz gebaut wurde. Bis zum Kriegsende hat Krauss-Maffei über 6000 Zugmaschinen geliefert, im Herbst 1945 gingen sogar noch 30 Stück an die britische Armee.

LOK.-FBK **KRAUSS** & COMP. · I·A·**MAFFEI** A·G· MÜNCHEN.

1931
Die neue Firma war entstanden.
An Stelle vieler Worte wurde das
Produktionsprogramm vor der Sil-
houette des Wettersteingebirges
präsentiert.

Das Lokomotivgeschäft konzentrierte sich Anfang der 30er Jahre insbesondere auf den Bau von Dieselkleinlokomotiven und auf die Beteiligung an den Ausschreibungen für neue Reichsbahn-Dampflokomotiven. Dabei kam Krauss-Maffei mit eigenen Entwürfen allerdings nicht zum Zuge, wohl aber beim Nachbau von insgesamt 491 Dampflokomotiven der Einheitsbauarten 64, 44, 41, 03 und 50 in den Jahren 1934 bis 1943. Bei elektrischen Lokomotiven gab es Nachbauaufträge für die Baureihen E 44 und E 94. Im Laufe des Jahres 1934 hat sich die Mitarbeiterzahl von 838 Ende 1933 auf 1727 Ende 1934 mehr als verdoppelt.

In den folgenden Jahren erlebte das Unternehmen dank der Bestellungen von Reichsbahn und Reichswehr einen nachhaltigen Aufschwung. Ohne die neuen, bereits fertiggestellten Werkstätten hätte Krauss-Maffei einen großen Teil dieser Aufträge jedoch nicht erhalten, bzw. nicht ausführen können.

Die bisher fremdbezogenen Ketten für die Halbketten-Zugmaschinen wurden ab 1935 selbst gefertigt, auch die Aufbauten wurden zum Teil in eigener Regie hergestellt und erste Schritte zur Aufnahme des Motorenbaus durch Lizenzverhandlungen mit Saurer und Maybach unternommen. Dies führte Ende der 30er Jahre zum Aufbau einer eigenen Motorenfertigung nach Maybach-Lizenz und zur Getriebefertigung in Lizenz der Zahnradfabrik Friedrichshafen.

Die räumliche Trennung von Verwaltung und Konstruktion im Verwaltungsgebäude an der Maillingerstraße und den Werkstätten in Allach erwies sich zunehmend als Störfaktor. So wurde beschlossen, in Allach ein ausreichend bemessenes Gebäude für die technischen und kaufmännischen Abteilungen zu errichten, das im Sommer 1937 bezogen werden konnte. Auch mit dem Bau der ersten 112 Werkswohnungen in Allach wurde begonnen, die Belegschaft stieg auf 2500 Mitarbeiter an. Als letzter Produktionsbetrieb wurde die Eisengießerei in Sendling, die frühere Gießerei Sugg & Comp., nach Allach verlegt. Damit war das gesamte Unternehmen in Allach vereint.

Am Samstag, dem 14. August 1937 fand in Verbindung mit dem 60. Geburtstag des Erbauers des Allacher Werks, Landesbaurat Hans Georg Krauss, eine Feier zur Erinnerung an die Gründung der Firma J. A. Maffei vor 100 Jahren statt. Einer Führung geladener Gäste durch das Werk folgten ein Betriebsappell mit Gedenkfeier unter Teilnahme der gesamten Belegschaft und ein Kameradschaftsabend im Löwenbräukeller.

Das Produktionsprogramm im Jubiläumsjahr umfaßte:

Lokomotiven
Vollbahn-Dampflokomotiven jeder Art und Größe — Elektrische Lokomotiven — Schmalspur-Dampflokomotiven — Feuerlose Lokomotiven — Motor-Lokomotiven für Schmalspur- und Normalspurbahnen.

Allgemeiner Maschinenbau
Vollständige Dampfanlagen — Dampfmaschinen — Dampfkessel — Rohrleitungen — Apparate — Behälter.

Eisenbahnsicherungswesen
Mechanische Stellwerkanlagen nach deutscher Einheitsbauart und nach eigener Bauart — Kraftstellwerkanlagen — Schranken mit elektrischem und mechanischem Antrieb.

Straßenbaumaschinen
Dampfstraßenwalzen und Motorstraßenwalzen in Tandem- und Dreirad-Bauart — Spezialwalzen für Asphalt- und Bitumen-Straßendecken — Betonstraßenfertiger — Straßenaufreißer, Wohnwagen und sonstiges Zubehör für den Straßenbau.

Zugwagen
Schnellaufende Zugmaschinen mit Geschwindigkeiten von 50 bis 70 km/Std. mit durch Spindelvorrichtung regulierbarer Lastübernahme vom Anhänger auf die Hinterachse des Zugwagens. Kombinierte Rad- und Gleiskettenmaschinen, sowohl als Zugmaschinen als auch als Sattelschlepper verwendbar. Anhänger aller Art für obengenannte Zugmaschinen-Typen mit Spezialdrehgestell, Kropfdeichsel und automatischer Kupplungsvorrichtung.

Gießereien
Elektro-Stahlguß — Elektro-Feuerungshartstahl — Elektro-Manganhartstahl — Elektro-Grauguß. Erzeugnisse der Eisengießerei und Metallgießerei.

Instandsetzung
von Lokomotiven, Kesseln, Maschinenanlagen eigener und fremder Herkunft.

Die Dampfturbinenabteilung von J. A. Maffei wurde zwar 1931 in bescheidenem Rahmen in die neue AG übernommen, zunächst aber nur das Ersatzteilgeschäft betrieben. Erst 1938 zeichnete sich ein neuer Anfang ab, als die Baurechte für die „Röderturbine" erworben wurden, einer bei relativ kleinen Abmessungen und Gewichten hochtourigen, leistungsfähigen und betriebssicheren Dampfturbine. Der 2. Weltkrieg verhinderte ihren Einsatz in größerem Umfang. Auch die bei Maffei noch 1926 entstandene Dampfturbinen-Lokomotive, die sich in der Zwischenzeit bei schwierigen Streckenverhältnissen hervorragend bewährt hatte, mußte bei Beginn des Krieges abgestellt werden. Nach dem Krieg war die Zeit der Turbinenlokomotiven vorüber und die Aera der Diesellokomotiven begann.

Auch der Bau stationärer Dampfturbinen wurde nach dem Krieg aufgegeben, als größere Investitionen zur Fortführung dieses Geschäftes anstanden, alle Kräfte jedoch für die Abwicklung eines großen Dampflokauftrages für Indien beansprucht wurden. So übernahmen Blohm & Voss Anfang der 50er Jahre den Dampfturbinenbau und die Betreuung aller von Krauss-Maffei und ihren Vorgängerfirmen gelieferten Dampfturbinen.

Die großen Aufträge der Reichsbahn erforderten Ende der 30er Jahre den weiteren Ausbau der Werkstätten. Außerdem wurde mit dem Bau eines großzügig bemessenen Gemeinschaftshauses für die Belegschaft begonnen.

Ende 1940 war die Mitarbeiterzahl auf rund 6000 angestiegen, bei der Beschaffung weiterer, qualifizierter Arbeitskräfte gab es nun jedoch zunehmend Schwierigkeiten. Trotzdem wurde am Jahresende 1942 die höchste bei Krauss-Maffei jemals erreichte Mitarbeiterzahl registriert. Von den insgesamt 8849 Beschäftigten waren 3943 deutsche Belegschaftsangehörige, 3543 waren dienstverpflichtete Ausländer, insbesondere Italiener und 1363 waren Kriegsgefangene, insbesondere Franzosen und Russen, die in eigenen Lagern außerhalb des Werksgeländes untergebracht waren. Inhaftierte des nahen Konzentrationslagers Dachau waren bei Krauss-Maffei zu keiner Zeit beschäftigt.

Bereits Ende 1943 ging die Belegschaft auf 5628 Mitarbeiter zurück, darunter noch 198 Kriegsgefangene. Ursache für diese Entwicklung war der Bau von Kriegsdampflokomotiven der Baureihe 52, die am 12. März 1942 vom Reichsverkehrsminister in der ungeheuren Anzahl von 15.000 Stück bei der Lokindustrie Deutschlands und der besetzten Gebiete sowie bei fachfremden Zulieferfirmen bestellt worden waren. Auf Krauss-Maffei entfielen davon 270 Stück, die in nur sechs Monaten vom 25. April 1943 an geliefert wurden. Die insgesamt bestellten 15.000 Lokomotiven konnten nicht mehr hergestellt werden, doch kamen bis zum Mai 1945 noch rund 7.600 zur Auslieferung.

Zum Jahresende 1943 wurde Krauss-Maffei der Neubau von Dampflokomotiven untersagt. Es folgte die Umstellung auf die Reparatur von beschädigten Lokomotiven, die durch die Kriegsereignisse inzwischen in so großer Anzahl auf Aufarbeitung warteten, daß die Kapazität der Ausbesserungswerke der Reichsbahn nicht mehr ausreichte.

Krauss-Maffei überstand den Krieg ohne größere Schäden. In Anbetracht der Größe der Werksanlagen und schwerster Bombentreffer bei benachbarten Unternehmen ist dies kaum zu glauben. Nur die Modellhalle der Gießerei wurde am 10. März 1943 ein Opfer von Brandbomben. Doch drei Monate nach Kriegsende, am 10. August 1945, abends 22.10 Uhr, kam das dicke Ende nach. Auf dem benachbarten Allacher Bahnhof flog während eines Gewitters ein von den Besatzungstruppen unsachgemäß abgestellter, mit Tellerminen beladener Waggon in die Luft. Im ganzen Werk blieb kaum eine Glasscheibe heil und jahrelang mußte auch bei Tage bei künstlichem Licht gearbeitet werden, da die Fenster aufgrund des Glasmangels mit Hartfaserplatten vernagelt wurden.

1931

Die sich 1930 abzeichnende Wirtschaftskrise und die katastrophale Geschäftslage in der Folgezeit wirkten sich auch auf das Schnellzugwagen-Geschäft nachteilig aus. Krauss-Maffei hat die Produktion trotzdem — zunächst noch bis Ende 1934 in der Hirschau — weitergeführt und bald wieder höhere Absatzzahlen erreicht. Auch eine Dieselversion des MSZ 10 mit dem Daimler-Benz-Dieselmotor OM 65 (65 PS) wurde jetzt angeboten. Mit Flüssiggas konnte der MSZ 10 ebenfalls betrieben werden.

94

Auftr. Nr.	Fabr. Nr.		Type	Besteller	Jahr	Gewicht
390 000	1	1	Schleudermasch. 1100 Tr.# (ohne Kratzer)	D. Solvay-Werke A.G. Bernburg	1928	ca. 13 000 Kg
390 001	2		" (mit Kratzer)	"	"	"
390 003	3-4	2	" 1800 Tr.#	"	"	ca. 32 000 Kg
390 005	5	1	" 1100 Tr.# (ohne Kratzer)	"	"	ca. 13 000 Kg
390 016	6	1	" 1800 Tr.# (mit Kratzer)	"	1929	ca. 32 000 Kg
390 017	7	1	" 1100 Tr.#	"	"	ca. 13 000 Kg
390 018	8	1	" " (ohne Kratzer)	"	"	"
390 020	9	1	" 1600 Tr.# (liegend)	Eigenes Werk	"	ca. 10 000 Kg
390 021	10	1	" 2000 Tr.# (liegend)	Maizena Hamburg	"	ca. 13 000 Kg
390 022	11	1	" "	Stadt Frankfurt	"	"
390 024	12	1	" 2500 Tr.# (liegend)	Matthes u. Weber	"	ca. 28-30 t
390 031	13	1	Schubschleuder 1500 Tr.#	Braunschw. Salinenamt Schöningen	1930	ca. 12 t
390 040	14,15,16	3	Schleudermasch. 2000 Tr.# (liegend)	Berginspektion-Staßfurt	"	ca. 13 t
390 050	17	1	" "	Mitsubishi Soyi Kaisha-Japan	"	"
390 060	18	1	" "	N.A. Scholten Landsberg-Warthe	"	"
390 070	19	1	" "	Spanien	"	"
390 080	20, 21	2	" 1600 Tr.#	Potasse et Engrais Chimique-Paris	"	10 t
320 090	22, 23	2	" 2500 Tr.#	Matthes u. Weber - Duisburg	"	28 t
390 120	24	1	" 1250 Tr.#	Chem. Fabrik Heiden	1931	ca. 5 t
390 110	25	1	" 1600 Tr.#	Potasse et Engrais Chimique-Paris	"	10 t
390 100	26	1	" 2000 Tr.#	Wollkämmerei - Leipzig	1930	13 t
390 130	27, 28	2	" "	Mitsubishi Soyi Kaisha - Japan	1931	10 t
390 140	29	1	" "	D. Solvay-Kali-Werke B	"	10 t
390 150		1	Umbau einer 1800 # vert.	Wintershall A.G.		
390 160	30, 31, 32	3	Schleudermasch. 1600 # vert	U.d.S.S.R.	"	8 t
390 170	33,34,35, 6		" 2000 Tr.# liegend	"	"	10 t
	36,37,38					

1931
Bei den ersten 40 von J. A. Maffei und den Industriewerken Hirschau gebauten Zentrifugen waren bereits Lieferungen nach Frankreich, Spanien, Japan und in die UdSSR.

1931
Bei den Münchner Brauereien war das Krauss-Maffei-Gespann sehr beliebt.

1932
Die Versuche, Straßenzugmaschinen durch Hilfskettenlaufwerke geländegängig zu machen, wurden bald aufgegeben.
Das Heereswaffenamt entschloß sich zum Bau einer Zugmaschine mit lenkbarer Vorderachse und festmontiertem Kettenlaufwerk. Der Prototyp KMZ 85 war das erste in Deutschland gebaute Halbkettenfahrzeug. Es hatte bereits das den Folgetypen eigene Schachtellaufwerk mit vorne liegenden Triebrädern und hinten liegenden Umlenk- bzw. Leiträdern.
Jeder Laufrolle war eine Schraubenfeder zur Abstützung zugeordnet.

1933

Der zweite Bauabschnitt in Allach schritt rasch voran. Die Hallen wurden in moderner Stahlskelettbauweise errichtet. Bereits Ende 1935 war weitgehend vollendet, wofür ursprünglich 5 — 6 Jahre vorgesehen waren.

1933
Ein weiteres Vorserienfahrzeug
für den 8-t-Zugkraftwagen war
der Typ KMZ 100. Er wurde im
April 1933 dem Inspekteur der
Kraftfahrtruppen vorgestellt.

1933
An der Entwicklung und am Bau
der Dieselkleinlokomotive zum
Einsatz im Rangierdienst der
Deutschen Reichsbahn hatte sich
auch Krauss-Maffei beteiligt. Die
Kö 4250 stand am 17. Dezember
zur Lieferung bereit.

1933
Als weiterer Zentrifugentyp kam
die Pendelzentrifuge auf den
Markt.

1934

Im Jahr 1926 begann die Nürnberger Eckert & Ziegler GmbH erstmals in der Welt serienmäßig Spritzgießmaschinen zur Herstellung von Formteilen aus Kunststoff zu produzieren. Das Unternehmen, das später nach Weißenburg übersiedelte, wurde 1964 Tochtergesellschaft von Krauss-Maffei und ging Ende der 60er Jahre in der Muttergesellschaft auf. Die Abbildung zeigt die handbetriebene E & Z-E I für Spritzteilgewichte bis 8 g, die erste serienmäßig hergestellte Spritzgießmaschine, 1926.

EL III (35 g), Preßluftantrieb, handgesteuert, 1926

EL IV (50 g), mit Akkukasten-Form, 1933

EL VII (50 g), Preßluftantrieb, handgesteuert, 1934

1934

Die Lagerböcke und Gehäuse für die Schälschleudern der Industriewerke Hirschau wurden in der alten Krauss-Gießerei in Sendling, der früheren Gießerei Sugg, gegossen.

1934

Beim Typ KM L 4, einem leichten Zugkraftwagen, wurden die Laufrollen erstmals paarweise in Schwingarmen gelagert und die Schwingarme über Halbelliptikfedern am Rahmen abgestützt. Während die Prototypen noch bei Krauss-Maffei gebaut wurden, ging die Serienfertigung 1935 an die Firma Büssing-NAG.

1934

Krauss-Maffei wurde am 28. Mai zum Generalunternehmer für die Entwicklung, Weiterentwicklung und Fertigung der 8-t-Zugmaschine ernannt. Der Typ KM 7 war der Prototyp für den Serienbau der 8-t-Zugmaschine.

1934

Der Typ KM m 8 war der erste in Serie gebaute mittlere Zugkraftwagen. Er wurde vorwiegend von der Luftwaffe zum Ziehen der 8,8 cm-Flak eingesetzt. Bis 1936 wurden 380 Stück gebaut. Zum Antrieb diente ein 120-PS-Otto-Motor, Maybach HL 52.

1935

Im Jubiläumsjahr „100 Jahre deutsche Eisenbahn" warb das vereinte Unternehmen mit der legendären S 3/6-Dampflokomotive.

1935
Montage der V 16 101 (Leistung
1400 PS): Führerhäuser und
MAN-Dieselmotor sind bereits
auf den Rahmen gesetzt.

1935
Schälzentrifuge DHZ 2500 für die
Entwässerung von Roh-Natrium-
carbonat. Sie wurde an die Kali-
Chemie, Heilbronn, geliefert und
war bis 1988 im Einsatz.

1935
Als erste dieselhydraulische
Großlokomotive der Welt ent-
stand bei Krauss-Maffei in
Zusammenarbeit mit MAN und
Voith die V 16. Sie steht seit 1972
im Deuschen Museum.

1935
Der Typ KM m 9 hatte den Maybach-Motor HL 57 mit 130 PS.
267 Stück wurden gebaut.

1936
1. Mai, Ehrentag der Arbeit.
Damals eine Pflichtübung für die
gesamte Belegschaft.

1936
Die Aufstellung von Spielmanns-
zug und Betriebsschar wurde
auch von Krauss-Maffei gefordert.

1936

E & Z-Spritzgießmaschine EK IV
für Formteilgewichte bis 30 g, mit
kombiniertem Spindel-Kniehebelantrieb durch Elektromotor für
Formschließ- und Spritzseite,
vollautomatisch gesteuert.

1936

Für größere Transportleistungen
wurde die Zugmaschine KMS 85/
100 entwickelt. Sie konnte eine
Spindellast von 3400 kg übernehmen (beim Typ MSZ 10 waren
es maximal 2600 kg). Das Fahrzeug war wahlweise mit einem
85-PS-6-Zylinder-Ottomotor
(Daimler-Benz M 68) oder einem
85-PS-6-Zylinder-Dieselmotor
(Daimler-Benz OM 67) erhältlich.

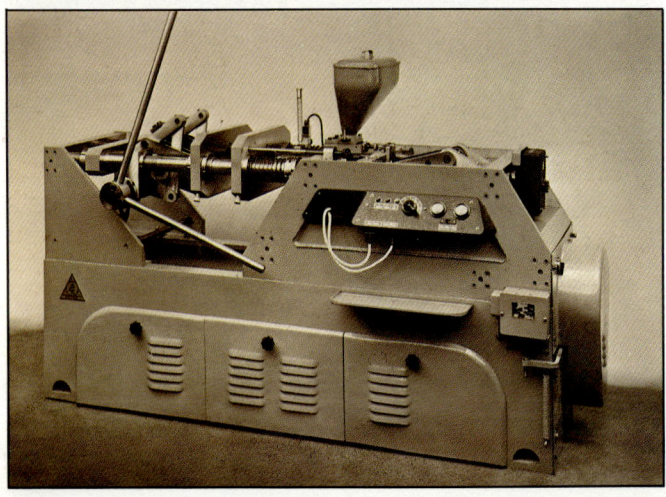

1936

E & Z-Spritzgießmaschine EHM
für Formteilgewichte bis 50 g, mit
Formschluß über Doppel-Knie-
hebel von Hand und kombiniertem Spindel-Kniehebelantrieb
durch Elektromotor auf der Ein-
spritzseite.

1936
Die E 44 044 wurde am 7. April
an die Reichsbahndirektion
Breslau, Bw Hirschberg, für den
Einsatz auf der schlesischen
Gebirgsbahn geliefert.

1936
Elektrische Rangierlokomotive
Baureihe E 63, Bauart BBC, vor
dem charakteristisch „runden"
Stellwerk in Allach.

1936
Die V 16 101 auf einer Meßfahrt
im Bahnhof Bayrischzell im
Frühjahr 1936

1936/1980
End- und Höhepunkt der Entwicklung von bayrischen Lokalbahnlokomotiven war die Lok 7 der Tegernsee-Bahn.
Durch das Engagement von Tegernsee-Bahn und Bayrischem Localbahn-Verein bleibt diese Lok weiterhin betriebsfähig erhalten.

1936
Die V 3/3 14 ging als Werklok an die Vereinigten Aluminiumwerke. 1988 war sie bei der Papierfabrik Kehlheim noch im Einsatz.

1936
Schälzentrifuge HZ 1600 der Industriewerke Hirschau AG. Sie wurde an die Soda-Werke Stassfurt geliefert.

1936
Vom Typ KM m 10 wurden 111 Stück gebaut, er war mit dem Maybach-Motor HL 62 ausgerüstet (140 PS). Die Baureihen KM m 9 und KM m 10 wurden vorwiegend von der Artillerie und den Pionieren verwendet.

1936
Das Richtfest für das neue Verwaltungsgebäude wurde am 19. Dezember gefeiert.

1937
Die Augsburger Localbahn erhielt am 22. Mai eine fabrikneue bayrische Lokalbahnlok der Gattung D VIII, deren Konstruktion aus dem Jahr 1888 stammte.

1937
Die Baureihe 64 war für Nebenbahnen und den leichten Personenzugdienst auf Hauptbahnen bestimmt. Die 64 388 wurde am 15. März 1937 geliefert und 1962 beim Bw Aalen ausgemustert.

1937
Beim Zugmaschinentyp KM m 11, der Abschlußausführung der 8-t-Zugmaschinen-Baureihe wurde das Laufwerk verlängert, um die Geländegängigkeit weiter zu verbessern. Der KM m 11 wurde mit dem 150-PS-Maybach-Motor HL 64 ausgestattet, der wie das Schalt- und Lenkgetriebe und die Gleisketten bei Krauss-Maffei in Lizenz gebaut wurde.
Aufgrund seiner technischen Fortschrittlichkeit und seiner Leistungsfähigkeit war dieser Typ bei der Truppe außerordentlich beliebt.
5026 Stück wurden von 1938 bis 1945 bei Krauss-Maffei gebaut, 30 Fahrzeuge gingen im Herbst 1945 an die englische Besatzungsmacht.

1937
Mit der Fertigstellung des neuen
Verwaltungsgebäudes — links
unten — war der Aufbau des
Neuwerkes in Allach zunächst
weitgehend abgeschlossen.

1937
Für den großen Sitzungssaal von
Krauss-Maffei wurden vom Kunst-
maler Conrad Pfau nach Foto-
grafien Portraits früherer Direk-
toren der Firmen Krauss und
Maffei geschaffen

1937
Zum 100jährigen Firmenjubiläum
wurde in den einschlägigen Fach-
zeitschriften diese Jubiläums-
anzeige geschaltet.

1937
Am 14. August, einem Samstag, war für die Belegschaft zur 100-Jahr-Feier ein Betriebsappell angesetzt.

1937
Zur Jubiläumsfeier erschienen die damaligen Machthaber in der seinerzeit üblichen Aufmachung.

1937
Im Oktober erteilte das Heereswaffenamt einen Entwicklungsauftrag für ein leichtes gepanzertes Vollkettenfahrzeug für Aufklärungs- und Luftlande-Einsätze. Von diesem Typ VK 601 wurden sechs Versuchsfahrzeuge geliefert und ab 1939 begann die Produktion von 40 Serien-Fahrgestellen. Die Drehtürme kamen komplett von der Firma Wegmann in Kassel.

1938
Vollständig montierter Rahmen
einer Lok der Baureihe 44. Der
Mittelzylinder ist gut zu erkennen.

1938
Diese kleine Tenderlok mit Öl-
feuerung war für den Einsatz in
den Tropen bestimmt. Sie wurde
über Hamburg verschifft.
(Fabrik-Nr. 15 665)

1938
Die schweren Dreizylinder-
Güterzuglokomotiven der Baureihe 44 kosteten mit Tender
217.500,— RM.

1938
Mit dieser Anzeige warb Krauss-
Maffei für den Schnell-Zugwagen.

1939
Der weitläufige Grundbesitz gestattete Ende der 30er Jahre den Bau von Sozialgebäuden in großzügiger Planung unmittelbar angrenzend an das Werksgelände. Allein der große Kantinensaal mißt 20 × 80 m. Er bietet rund 1300 Personen Platz.

1939
Vom Heereswaffenamt wurde eine Nullserie von 30 Stück eines schwergepanzerten Infanterie-Unterstützungspanzers VK 1801 bestellt.
Die Produktion lief Ende 1940 an. Wegen geringer Priorität wurde sie erst 1942 beendet. Zu weiteren Lieferungen kam es nicht mehr.

1939
Das Laufwerk der Baureihe 41. Das vordere Krauss-Helmholtz-Gestell ist gut zu erkennen.

1939
Von Februar bis Juli wurden die 41 154 bis 41 171 an die Deutsche Reichsbahn geliefert. Vier Lokomotiven aus dieser Serie erhielten 1958 neue Ölfeuerungskessel. Sie waren zum Teil noch bis 1976 im Einsatz.

1939
41 161 und 41 162 standen am
2. Mai zur Lieferung an das Ab-
nahme-RAW Meiningen bereit.

1939
Die Betriebs-Nr. 50 234 bis 50 270
waren die ersten Lokomotiven
der neuen Güterzuglok-Bau-
reihe 50, die von Krauss-Maffei
geliefert wurden.
(Fabrik-Nr. 15 753 — 15 789)

1940
Ende Juni wurde die 03 1077
aufgeachst.

1940
Vor der Werksprobefahrt Richtung Ingolstadt präsentierte sich
die Mannschaft vor der noch un-
verkleideten 03 1073, die als erste
von 20 Lokomotiven dieser Baureihe am 11. Juli das Werk verließ.

1940
Schälzentrifuge HZ 2000 mit
prismengeführter Schälvorrichtung, eine Weiterentwicklung der
Ursprungsausführung von 1929.

1940
Ein wahres Wunder an Kurven-
läufigkeit war diese sechsachsige
Lok mit 760 mm Spurweite. Sie
wurde nach Bosnien geliefert.

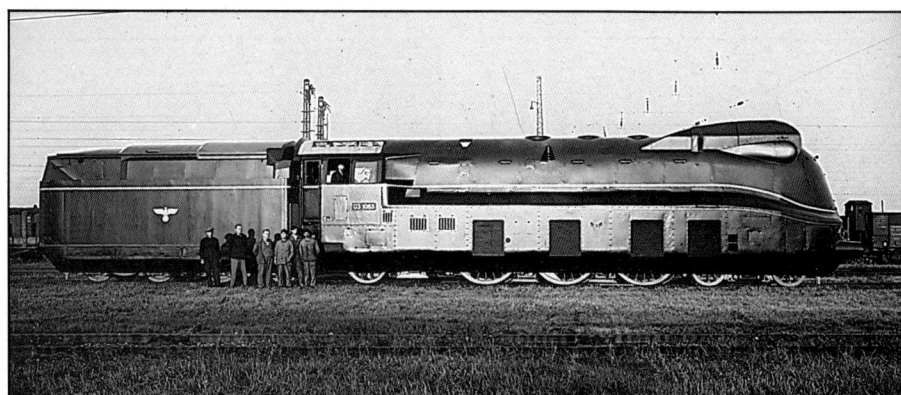

1940
Die 03 1083 mit Stromlinien-
verkleidung am 5. September vor
der Fahrt zur Abnahme in das
RAw Meiningen im Bahnhof
Allach.

1941
Die von der AEG entwickelte,
schwere sechsachsige Güterzug-
lok E 94 wurde ab 1941 im
Mechanteil auch von Krauss-
Maffei gebaut. Als erste verließ
die E 94 007 am 3. April Allach in
Richtung Salzburg.

1941/1984
Die 50 849 wurde am 22. Januar
1941 geliefert. Sie gehört heute
zu den betriebsfähigen Tradi-
tionslokomtiven der Deutschen
Reichsbahn und wird von einer
engagierten Mannschaft des Bw
Zwickau betreut.

1942
Auch mit Holzgasgenerator wurde
die Zugmaschine MSZ 10 ausgerüstet und bis zum Herbst 1945
gebaut.

1942
Als 59. Lok der ÜK-Bauart (Über-
gangs-Kriegs-Bauart) hat die
50 2382 bereits einige Verein-
fachungen gegenüber der ur-
sprünglichen Ausführung.

1942
E & Z-Spritzgießmaschine EH 800
für Formteilgewichte bis 500 g,
presswasserhydraulisch, handgesteuert.

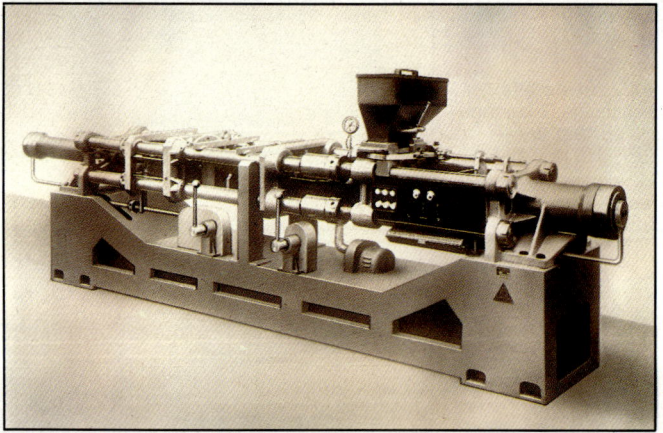

1943
Die 52 3620 war eine Versuchslok
mit Wellrohrfeuerbüchse. Diese
Konstruktion ohne Stehbolzen
hat sich nicht bewährt.

1943
Am 21. Juli standen sieben 52er
zur Ablieferung bereit.

1944
Die im September 1943 von der
Berliner Maschinenbau AG gelieferte 52 6176 kam im April 1944
schwer beschädigt zur Wiederherstellung zu Krauss-Maffei.

1943
Die 52 3378 mit Tender, Bauart
„Kaiserslautern", verließ das
Werk am 23. April.

1944
E & Z-Spritzgießmaschine EH I/50
für Formteilgewichte bis 50 g.
Der Formschluß erfolgte über
Doppelkniehebel, wahlweise von
Hand oder hydraulisch über
Zahnstange betätigt.

1945
Am 10. August flog auf dem
Allacher Bahnhof ein unsachgemäß abgestellter Waggon mit
Tellerminen in die Luft. Es war ein
Sonntagabend, so gab es im
direkt angrenzenden Werk glücklicherweise keinen Personen-
schaden. Der Sachschaden jedoch war erheblich. Kaum eine
Glasscheibe blieb ganz.

Krauss-Maffei erhält ein neues Profil

Mit dem Einmarsch der Besatzungstruppen am 1. Mai 1945 kam die Produktion im Werk völlig zum Erliegen. Es gelang jedoch recht schnell, die Arbeit in zunächst bescheidenem Umfang wieder aufzunehmen und fortlaufend Mitarbeiter einzustellen.

Bereits am 19. Juni 1945 war durch einen für die Wiederingangsetzung der Wirtschaft verantwortlichen Offizier der amerikanischen Armee auf einem einfachen Blatt Papier ein „Schutzbrief" ausgestellt worden, der erstaunlicherweise genügte, um das Werk vor der Plünderung zu schützen. Wichtigste Aufgabe war zunächst die Reparatur schadhafter Lokomotiven für die Reichsbahn. Bald gab es aber auch für die Gießerei Arbeit. Mitte 1946 wurden bereits wieder 2200 Mitarbeiter beschäftigt.

Ein besonderer Glücksfall in dieser schwierigen Zeit war für Krauss-Maffei das Engagement des amerikanischen Armee-Majors Mc Intyre für die Aufnahme einer bedarfsgerechten Produktion. Er hatte bei der Besichtigung des Werkes erkannt, daß sich die noch vorhandenen Vorräte und Einrichtungen aus der Zugwagenfertigung für die Herstellung von Omnibussen eignen würden und angeordnet, daß Krauss-Maffei Omnibusse zu bauen habe. „Der Motor sei im Heck anzuordnen und Weihnachten wolle er fahren."

Die Heckmotorbauweise war damals in Europa kaum bekannt, es mußte absolutes Neuland betreten werden. Am 10. Januar 1946 war das erste Fahrgestell fertig und so erhielten die Verkehrsbetriebe mehrerer Städte noch im gleichen Jahr die ersten nagelneuen Busse deutscher Nachkriegsproduktion und richtungsweisender Konzeption.

Der Omnibus hat in den folgenden 20 Jahren bei Krauss-Maffei lange Zeit eine große Rolle gespielt und der Einführung des Heckmotors folgten noch eine Reihe weiterer bahnbrechender Innovationen, die später zum Allgemeingut im Omnibusbau wurden.

Die besondere Sorge galt in den ersten Nachkriegsjahren der Schaffung von Wohnraum für die Mitarbeiter und dem Ausbau der sozialen Einrichtungen, insbesondere aber einer ausreichenden Beköstigung in der Werkskantine.

Der Einstieg in das Exportgeschäft gelang durch die Lieferung von Schmalspurlokomotiven nach Österreich, mit deren Fertigung noch während des Krieges begonnen worden war.

Anfang 1947 wurden Werkzeugmaschinen des früheren Zugwagenbaus für Reparationszwecke in Aussicht genommen. Durch zähe Verhandlungen und durch das Eingreifen dem Unternehmen wohlgesonnener Offiziere konnte eine Demontage jedoch verhindert werden. Vor der Währungsreform 1948 war eine Belebung des Exports im Maschinenbau jedoch nicht zu erreichen, da ein Zwang zur Dollarfakturierung bestand und deutsche Unternehmen nicht unmittelbar mit ihren ausländischen Abnehmern verhandeln und abschließen konnten. So blieb die Ausbesserung von Dampf- und Elektrolokomotiven neben dem Omnibusbau, der sehr bald auch auf den Bau von Oberleitungsbussen ausgedehnt wurde, wesentlicher Unternehmensschwerpunkt. Der Bau von Normalspurlokomotiven blieb bis zum 1. Januar 1949 verboten.

Die beabsichtigte Schockwirkung der Währungsreform am 20. Juni 1948 machte sich, wie überall, auch bei Krauss-Maffei in einer großen Anzahl von Auftragsannullierungen bemerkbar. In der Eröffnungsbilanz in Deutscher Mark konnte das Aktienkapital im Verhältnis 1 : 1 umgestellt und mit 13 Mio DM festgesetzt werden.

Die finanzielle und strukturelle Situation der Deutschen Bundesbahn führte nach der Währungsumstellung zu einer einschneidenden Drosselung der Lokomotivreparatur und bestärkte den Entschluß, Krauss-Maffei von der Einseitigkeit des schwankenden Lokomotivgeschäfts zu befreien und die Umwandlung in ein Maschinenbauunternehmen mit einem gemischten Fabrikationsprogramm aus Maschinen-, Fahrzeug- und Lokomotivbau voranzutreiben. Dennoch blieb der Lokomotivbau zunächst noch dominierender Produktionszweig, da es nach der Freigabe des Lokneubaus Anfang 1949 gelang, bedeutende Exportaufträge zu erhalten.

So konnte im Sommer 1950 mit der indischen Tata Lokomotive and Engineering Co. Ltd., in Jamshedpur ein technisches Hilfsabkommen zum Aufbau einer eigenen indischen Lokomotivherstellung abgeschlossen werden. Es umfaßte die Ausbildung von indischem Personal bei Krauss-Maffei, aber auch in Indien sowie die Lieferung einer großen Anzahl von Lokomotiven, komplett und in Bausätzen. Dieser Auftrag half, die Folgen des 2. Weltkriegs zu überwinden, bis dann Ende der 50er Jahre das große Umrüstprogramm der Deutschen Bundesbahn zum Ersatz der Dampflokomotiven einsetzte. Im Laufe von acht Jahren sind rund 450 Dampflokomotiven nach Indien geliefert worden, 1959/60 folgten noch 25 schwere Elektrolokomotiven.

Doch auch der Omnibusbau entwickelte sich sehr erfreulich, insbesondere nachdem Bundespost und Bundesbahn sowie die Verkehrsbetriebe verschiedener Städte im In- und Ausland als Kunden gewonnen werden konnten. Bereits nach 10 Jahren, am 22. August 1958 erhielt die Bundespost ihren 1.000 Krauss-Maffei-Omnibus. Ein Lizenzvertrag mit Daimler-Benz versetzte Krauss-Maffei in die Lage, die Busse mit OM 67/4-Dieselmotoren eigener Fertigung auszustatten.

To Whom it May Concern.

No property is to be removed from the Kraus Maffei plant without proper authorization from the military Government.

William C. Rogers,
Lt. Col., T.C.
762 Ry Shop Bn (D.)
19 June 45.

1945
Ein einfacher Schutzbrief der amerikanischen Armee bewahrte Krauss-Maffei vor der Plünderung.

„Für denjenigen, den es betrifft. Kein Gegenstand darf vom Krauss-Maffei-Werk entfernt werden ohne besondere Bevollmächtigung durch die Militärregierung."
19. Juni 1945.

Bereits 1946 war mit der Produktion von Torfgewinnungs- und Fleischereimaschinen sowie Verdampferanlagen für Salinen begonnen worden.
Während das Geschäft mit den Torfmaschinen mit der Währungsreform schlagartig zusammenbrach, blieben die beiden anderen Produktionszweige noch einige Jahre im Programm. Der Bau von Seilschwebebahnen blieb nur eine Episode.

Von entscheidender Bedeutung für den Ausbau des Maschinenbaugeschäfts war jedoch der 1948 abgeschlossene Vertrag zur Herstellung von Filtern und Trocknern im Auftrag der 1907 in Meißen gegründeten Firma Maschinenfabrik Imperial GmbH. Dieses Unternehmen hat nach dem Krieg in München neu begonnen und die Zusammenarbeit führte am 17. November 1954 zur Gründung der Firma Krauss-Maffei-Imperial GmbH & Co. In diesem Vertriebsunternehmen wurden der Krauss-Maffei-Zentrifugenbau und der Filter- und Trocknerbau von Imperial vereinigt. Das Unternehmen ging später voll auf Krauss-Maffei über.

Der Zentrifugenbau kam ab 1949 wieder in Fahrt, auf der Achema-Messe 1950 konnte die erste Krauss-Maffei-Schubzentrifuge vorgestellt werden, später folgte die Dekantierzentrifuge. Ein erstes verfahrenstechnisches Labor wurde eingerichtet.

Nach einer Anfang der 50er Jahre durchgeführten Programmbereinigung, bei der verschiedene, noch aus der Vorkriegszeit stammende oder in der Nachkriegszeit begonnene, inzwischen aber mit wenig Erfolg betriebene Aktivitäten, wie der Signalanlagen- und der Turbinenbau, aufgegeben wurden, konnte ein beachtlicher Teil der Produktionskapazität über mehr als 10 Jahre hinweg durch Fertigungsaufträge namhafter deutscher Unternehmen ausgelastet werden. So wurden z. B. für Siemag Aufträge über Walzwerksanlagen ausgeführt und für die Maschinenfabrik Weingarten in sehr großer Anzahl schwere Karosseriepressen für die Automobilindustrie gebaut. Diese Aufträge waren gleichermaßen für die mechanischen Werkstätten wie für die Gießerei von großer Bedeutung. Auch die ersten Fertigungsaufträge für die Bundeswehr wurden Ende der 50er Jahre — noch vor der Aufnahme der Serienfertigung des Kampfpanzers Leopard — mit der Produktion von Hotchkiss-Kettengliedern und Behältern für Hawk-Raketen ausgeführt.

Ein Spezialgebiet des Maschinenbaus, auf dem Krauss-Maffei insbesondere von 1955 bis 1968 im In- und Ausland bis zum Siegeszug des Float-Glas-Verfahrens große Erfolge erzielte, war der Bau von Tafelglasziehmaschinen.

Nach Unterlagen des Ingenieur-Büros Storek wurden über viele Jahre hinweg Kleinwasserturbinen gefertigt.

Bauträger einer umfangreichen Siedlung mit Wohnungen für Werksangehörige war ab 1950 die „Alte Haide" Gemeinnützige Baugesellschaft m.b.H., München. Zur Linderung der großen Wohnungsnot als Folge des 2. Weltkriegs konnten bis Ende 1955 bereits 609 Familien in neu erstellten Wohnungen untergebracht werden. Jahr für Jahr kamen neue Wohnungen hinzu, so daß 1965 bei insgesamt 5300 Mitarbeitern nahezu 1400 werksgebundene Wohnungen zur Verfügung standen.

Außerdem wurden in den 60er Jahren mehrere Wohnheime für Gastarbeiter gebaut. Die „Alte Haide", an der Krauss-Maffei zunächst nur eine Minderheitsbeteiligung hatte, ist seit 1974 zu 92,1% im Besitz des Unternehmens.

Im Frühjahr 1955 hat die Deutsche Bank rund 35% des Aktienkapitals von Krauss-Maffei an die Buderus'schen Eisenwerke in Wetzlar verkauft, die ihrerseits zu rund 40% und später nahezu 100% in die Hände des Industriemagnaten Dr. Friedrich Flick gelangten. In den folgenden zehn Jahren konnte die Flick-Gruppe ihren Anteil an Krauss-Maffei auf über 75% erhöhen, so daß 1965 ein Organvertrag zwischen Buderus und Krauss-Maffei mit Ergebnisabführung und Garantiedividende für die verbleibenden freien Aktionäre abgeschlossen werden konnte. Den freien Aktionären wurde ein Übernahmeangebot unterbreitet, das zu einer Beteiligung der Flick-Gruppe an Krauss-Maffei von über 96% führte. Diese Konzernbindung hatte bis zum Herbst 1985 Bestand.
1957 überstieg der Umsatz von Krauss-Maffei erstmals 100 Mio. DM, die Mitarbeiterzahl lag bei rund 5000.

Neben der Dampflok-Reparatur hatte in der Nachkriegszeit die Wiederherstellung teilweise mit schwersten Schäden jahrelang abgestellter E-Loks große Bedeutung. Bis 1952 wurden für die Deutsche Bundesbahn 312 E-Lok-Reparaturen ausgeführt.

Ein 1949 von der Deutschen Bundesbahn in Angriff genommenes Typenprogramm neuer Einheits-Dampflokomotiven wurde nur noch teilweise realisiert. Krauss-Maffei entwickelte in diesem Programm die Tenderlok-Baureihe 65. Mit der 65 018 verließ am 3. April 1956 die letzte bei Krauss-Maffei gebaute Dampflok das Werk in Allach.

Nach dem Ende des Lok-Neubauverbots wurde die Entwicklung schwerer elektrischer Lokomotiven für Tagebaubetriebe aufgenommen und bis 1957 eine große Anzahl geliefert.

Ab 1950 kam es in Gemeinschaftskonstruktion mit dem Bundesbahn-Zentralamt München zur Entwicklung der ersten dieselhydraulischen Drehgestell-Lokomotive V 80. Es folgte die berühmte V 200, die 1953 vorgestellt wurde. Bei Streckenlokomotiven blieb die dieselhydraulische Kraftübertragung weitgehend auf den Einsatz bei der Deutschen Bundesbahn begrenzt. International hat sie sich gegenüber der dieselelektrischen Kraftübertragung, bei der sich Krauss-Maffei nicht engagiert hat, nicht durchgesetzt. Krauss-Maffei hat dennoch in den 60er Jahren spektakuläre Exporterfolge, u.a. in Spanien, Brasilien und in den USA erzielen und Lizenzverträge, z.B. in Großbritannien und Spanien, abschließen können. Bei Rangier-, Industrie- und Privatbahnlokomotiven kam die Dieselhydraulik jedoch voll zum Durchbruch. Mit Leistungen von 90 bis 1200 PS wurden in den 50er und 60er Jahren mehrere hundert zwei-, drei- und vierachsige Lokomotiven zunächst mit Ketten-, später mit Stangen- und ab Anfang der 60er Jahre mit Gelenkwellenantrieb im In- und Ausland verkauft.

Ab 1950 begann auch die Entwicklung neuer elektrischer Drehgestell-Lokomotiven für die Deutsche Bundesbahn. Nach dem Bau einiger Prototypen wurde Mitte der 50er Jahre ein neues Typenprogramm aufgestellt, aus dem Krauss-Maffei die Entwicklung der Baureihen E 10 und E 40 übernommen hat. Von 1956 bis 1973 hat Krauss-Maffei insgesamt 598 Lokomotiven dieser Baureihen und der bei Krupp entwickelten E 50 gebaut.

Mit der Vorstellung der ersten elektronischen Schutz- und Regelgeräte für Lokomotiven begann 1962 der Einstieg in ein völlig neues Betätigungsfeld.

Mit der Gründung der Krauss-Maffei Imperial GmbH wurde ein beachtliches verfahrenstechnisches Wissen unter einem Dach vereint, das durch Spezialisten anderer, durch die Wirren des 2. Weltkriegs zerschlagener Firmen noch ergänzt wurde. Aus dieser Konstellation entstanden zahlreiche Neu- und Weiterentwicklungen auf dem Gebiet der Trenntechnik bei Filtern, Trocknern und Zentrifugen. Von besonderer Bedeutung war, daß aus dieser Palette eigener Konstruktionen Maschinen und Apparate zu Trennanlagen kombiniert werden konnten. Im Laufe der Jahre wurde Knowhow für die Behandlung von über 5000 Produkten erworben. Entsprechende Versuche werden seit 1962 in einem neu erbauten Forschungs- und Versuchstechnikum durchgeführt.

Im Rahmen des Imperial-Programms wurde die Lieferung von Zellstoff-Filtern aufgenommen. Schon nach wenigen Jahren lagen durch den Einsatz dieser Einzelfilter so viele Erfahrungen vor, daß man auf die Lieferung ganzer Verfahrensstufen übergehen konnte. Der nächste Schritt war dann die Planung, Lieferung, Montage und Inbetriebnahme vollständiger Zellstoff-Fabriken mit unterschiedlichen Tagesleistungen und Rohstoffbasen, immer aber auf der Grundlage von Einjahrespflanzen. Die erste komplette Anlage war die Zellstoff-Fabrik Rakta in Ägypten. Sie ging 1961 in Betrieb. Sehr schnell folgten weitere Anlagen in Indien, Indonesien, Nigeria, Pakistan, im Irak und im Iran.

Durch die Lieferung von Stahlgußteilen für Spritzgießmaschinen bis 500 t Schließkraft an die Ankerwerke in Nürnberg kam Krauss-Maffei Anfang der 50er Jahre erstmals mit dem Bau von Kunststoffverarbeitungsmaschinen in Berührung. Später wurden die Gußteile bei Krauss-Maffei zusätzlich mechanisch bearbeitet und ab 1956 auch komplette Aggregate an die Ankerwerke geliefert. Diese Zusammenarbeit hielt bis Mitte der 60er Jahre an, bis die Ankerwerke an die DEMAG verkauft und Krauss-Maffei mit Eckert & Ziegler eine Tochtergesellschaft bekam, die in scharfer Konkurrenz zu den Ankerwerken stand.

Parallel zur Zusammenarbeit mit den Ankerwerken begann Krauss-Maffei, Spritzgießmaschinen mit mehr als 500 t Schließkraft nach dem der BASF 1952 erteilten Schneckenplastifizierungspatent zu konstruieren. Die erste Großspritzgießmaschine der Welt mit 550 t Schließkraft war 1957 fertiggestellt und bereits 1962 wurden von Krauss-Maffei Spritzgießmaschinen mit 3000 t Schließkraft gebaut.

Am 15. Mai 1965 konnte die 100. Krauss-Maffei-Großspritzgießmaschine an FESCO Inc., Pittsburgh, übergeben werden. Dieses Unternehmen war 1959 der erste Krauss-Maffei-Kunde in den USA geworden.

Mit dem Eckert & Ziegler-Programm und den eigenen Großmaschinen hatte Krauss-Maffei ab 1965 ein lückenloses Spritzgießmaschinenprogramm für die Verarbeitung von Thermoplasten, Duroplasten und Elastomeren zur Verfügung. Die Weiterentwicklung der Spritzgießmaschinen-Technik führte zu neuen Baureihen, die dann vollständig unter dem Namen Krauss-Maffei verkauft wurden.

In den folgenden Jahren hat sich das Spritzgießmaschinengeschäft zur tragenden Säule des Zivilgeschäfts von Krauss-Maffei entwickelt.

Andere, ebenfalls Mitte der 50er Jahre begonnene Entwicklungen auf dem Kunststoffmaschinensektor, wie Mischwalzwerke und diskontinuierlich arbeitende Innenmischer, wurden nicht weitergeführt. Dem Bau von kontinuierlich arbeitenden Kunststoffmischern war wenig Erfolg beschieden, er wurde 1967 eingestellt.

Mitte der 60er Jahre kamen Kunststoffkalander und Kalanderstraßen mit Lieferungen in zahlreiche Länder in das Programm. Hierbei konnte man sich insbesondere auf Erfahrungen bei der Herstellung von Hartgußwalzen stützen, die von der Gießerei für die unterschiedlichsten Maschinenbaubereiche schon seit 1951 hergestellt wurden und die bis Anfang der 80er Jahre im Programm blieben.

Die Auslastung von Gießerei und Schmiede war bei laufend steigendem Ausstoß in den 50er und 60er Jahren meistens recht zufriedenstellend. Die Produktion verlagerte sich zunehmend auf hochwertigen Stahlguß, u.a. auch für Dampfturbinen verschiedener Hersteller. Mit der Aufnahme der Serienfertigung des Kampfpanzers Leopard begann die Gießerei 1964 auch mit der Erzeugung von Panzerstahlguß.

Die Erstausrüstung der Deutschen Bundeswehr mit Kampfpanzern erfolgte aus amerikanischen Beständen. Ende 1956 begann bei verschiedenen Unternehmen eine eigene deutsche Entwicklung, die nach dem Bau einer größeren Anzahl von Prototypen und langjähriger Erprobung zum Kampfpanzer Leopard, später Leopard 1 genannt, führte.

Für die Serienfertigung dieses fertig entwickelten und serienreifen Kampfpanzers wurde Anfang der 60er Jahre ein Generalunternehmer gesucht, der das Zusammenspiel vieler hundert Unterlieferanten koordinieren und die Gesamtverantwortung gegenüber dem Auftraggeber hinsichtlich Technik, Termin und Preis übernehmen sollte. Krauss-Maffei hat sich um diese Aufgabe beworben und nach zähem Ringen mit namhaften Unternehmen der deutschen Industrie den Zuschlag erhalten.

Für die Montage des Fahrgestells wurde in einer bestehenden Halle eine Taktstraße eingerichtet und zur Erprobung eine Teststrecke gebaut. An der Fertigung der Kampfpanzer war Krauss-Maffei von Anfang an nur in bescheidenem Umfang beteiligt, ein später ergangener Generalunternehmererlaß der Bundesregierung fixierte die eigene Wertschöpfung des Generalunternehmens auf maximal 20% des Produktionswertes.

Der erste Kampfpanzer Leopard wurde am 9. September 1965 an die Deutsche Bundeswehr übergeben, mehr als 7000 Kampf- und Flugabwehrpanzer für 11 Nationen folgten in den nächsten 24 Jahren.

Durch die Übernahme der Geschäftsanteile der Firmen Fellner & Ziegler GmbH, Frankfurt, Rittershaus & Blecher oHG, Wuppertal und Eckert & Ziegler GmbH, Weißenburg, im Jahr 1964 wurde der Programmausbau in der Verfahrenstechnik und bei Kunststoffmaschinen unterstützt.

Die Fellner & Ziegler GmbH war als Zulieferer der chemischen Industrie, der Kalk- und Zementindustrie sowie der Kunststoffindustrie tätig. Ihr Fertigungsprogramm umfaßte Drehöfen, Trommeltrockner, Zerkleinerungsmaschinen, Fördergeräte, Granulatoren und Granulat-Trockner.

Die Rittershaus & Blecher oHG hatte sich nach dem Krieg mit der Entwicklung und Fertigung von Filterpressen und Spezialeindickern für die chemische Industrie und verwandte Zweige sowie mit Anlagen für die Abwasserbeseitigung befaßt. Außerdem wurden Gießerei-Formmaschinen hergestellt.

Die Eckert & Ziegler GmbH, die bereits 1926 die ersten serienmäßig hergestellten Spritzgießmaschinen baute, hat durch Maschinenlieferungen in alle Kontinente in vielen Ländern das Spritzgießverfahren eingeführt. Im Laufe der Jahre wurden verschiedene Maschinentypen für hand- und Druckluftbetrieb sowie elektromechanische Halb- und Vollautomaten entwickelt. Die nach dem Krieg entstandenen Maschinenbaureihen MONOmat", "DUOmat" und "CIRCOmat" festigten den Ruf des Unternehmens als führender Hersteller von Spritzgießmaschinen.

Die Fellner & Ziegler GmbH ist 1969 in der Muttergesellschaft aufgegangen, Produktion und Vertrieb von Eckert & Ziegler wurden mit der Spritzgießmaschinensparte von Krauss-Maffei vereinigt. Ende der 70er Jahre wurde auch dieses Unternehmen voll mit Krauss-Maffei fusioniert, während die Anteile an der Rittershaus & Blecher oHG an die Buderus AG übertragen wurden.

Ein weiteres Unternehmen, die Breuer Werke GmbH, Frankfurt, war von 1960 bis 1969 Tochtergesellschaft von Krauss-Maffei. Hergestellt wurden insbesondere Armaturen und Werkzeugmaschinen. Nach größeren Verlusten kam es zur Liquidation.

Zunächst nur für den Vertrieb von Kunststoffmaschinen wurden im Oktober 1965 in Frankreich die Krauss-Maffei France S.à r.l. gegründet und im August 1966 die Krauss-Maffei Corporation in den USA, nachdem zuvor in beiden Ländern über freie Vertretungen verkauft worden war.

1948
Das Krauss-Maffei Firmenzeichen mit dem stilisierten „Münchner Kindl" zierte die Krauss-Maffei-Erzeugnisse von 1940 bis 1975. Im Jahr 1976 wurde es durch den charakteristischen Krauss-Maffei-Schriftzug ersetzt.

1946
Die amerikanische Militärregierung verlangte von Krauss-Maffei
die Entwicklung und Fertigung
eines Omnibusses. Das Projekt
wurde in kürzester Zeit verwirklicht und schuf den ersten in
Deutschland serienmäßig hergestellten Omnibus mit Heckmotor-
Anordnung. Soweit wie möglich
wurden Aggregate der 8-t-
Zugmaschine verwendet. Die
Aufnahme der Produktion besei-
tigte die Ängste einer Demonta-

1947
Sechs kleine elektrische Bo-Loko-
motiven für den Güterverkehr
konnten an die Bahnen der Stadt
Köln geliefert werden. Sie fielen
nicht unter das Neubauverbot.

ge des Werkes. Die Typenbezeichnung des neuen Produktes
lautete „KMO 130". 440 Stück
wurden gebaut.

1948
Die Palette der von Krauss-Maffei
bis zur Mitte der 50er Jahre pro-
duzierten Fleischereimaschinen
war recht umfangreich.

1949
Von einem umfangreichen
Typenprogramm normalspuriger
Werklokomotiven wurde nur
noch der Typ D 16, eine vierachsige Version mit 16 t Achs-
druck in sieben Exemplaren
gebaut.

1949
Für das oberbayerische Kohlen-
bergwerk Peiting war diese
600-mm-spurige Werklok bestimmt. Fabrik-Nr. 17578.

1949
Eine verlängerte Ausführung des
Heckbusses, der Typ KMO 133,
löste die Vorgänger ab. In kon-
ventioneller Rahmenbauweise
stand er namhaften Aufbauher-
stellern zur Verfügung. Hier ein

Luxus-Reise-Omnibus mit Aufbau
der Firma Kässbohrer. Produktion
713 Einheiten bis 1952. Dazu 53
Stück KMO 133 A mit geänder-
tem Getriebe (ZF AK 6/50).

1949
Für verschiedene Kaligruben
wurden zusammen mit BBC
15 dieser 36 PS starken elektrischen Grubenlokomotiven mit
600 bzw. 575 mm Spurweite
gebaut.

1950
Bis Anfang der 50er Jahre sicherte die Reparatur kriegsbeschädig-
ter Lokomotiven den Fortbestand
des Lokbaus. Die Anfang 1945
ausgebrannte E 44 147 trug noch
die Aufschrift „Allied Forces".

1949
Die ersten Heckbusse mit Diesel-
motoren, Typ KMO 131 verließen
die Werkhallen in München. Der
Daimler-Benz-Motor wurde in
Lizenz gefertigt. Die Bundesbahn
dagegen rüstete ihre Krauss-
Maffei-Busse mit luftgekühlten
Deutz-Dieselmotoren aus. Ge-
samtproduktion 265 Stück. Im
Bild eine Einzelanfertigung als
Postpaketwagen.

1951
Schälzentrifuge HZ 2000 mit doppeltem Schneckenaustrag für die Gewinnung von Reisstärke. An die Stärkeindustrie wurden viele Maschinen verkauft. Diese ging an Egyptian Starch Yeast and Glycose, Alexandria.

1950
Bei dieser Schubzentrifuge SZ 230 für den Einsatz in Versuchsanlagen war bereits die Filtrattrennung möglich.

1950
Die Dreisäulenzentrifuge PZO 700 hatte erstmals eine von Hand zu betätigende Räumvorrichtung mit Austrag nach oben.

1951
Schälzentrifuge HZ 900 aus der ersten Nachkriegsserie mit handbetätigtem Schälmesser.

1951
Saugzellentrommelfilter, Bauart Imperial, mit Pitch-Pine-Holztrommel, Waschbandeinrichtung und seitlicher Keilriemenführung des Waschbandes für die Titandioxidaufbereitung.

1951
Dieses Zellstoff-Filter, System Strindlund, mit 14,7 m² Filterfläche war mit Egoutteur, Kalanderpresse und Zerreißwalze ausgestattet. Es wurde an die Aschaffenburger Zellstoffwerke, Stockstadt, geliefert.

1951
Die 1935 von Borsig gebaute 05 002 wurde bei Krauss-Maffei wieder instandgesetzt. Daneben steht eine an die Stuttgarter Ausstellungs-Gesellschaft gelieferte Liliputlok mit 381 mm Spurweite.

1951
Die ersten nach dem Krieg für verschiedene Industriebetriebe gelieferten Diesellokomotiven waren baugleich mit den Kleinlokomotiven der Deutschen Reichsbahn. Zwei gelangten sogar bis nach Brasilien.

1951
Am 28. Februar wurde die Personenzugtenderlok 65 001 an die Deutsche Bundesbahn geliefert.

1951
Urahne aller dieselhydraulischen Streckenlokomotiven mit Gelenkwellenantrieb war die V 80 der Deutschen Bundesbahn.

1951

Der große Schritt, von Fremd-
aggregaten, besonders von
Motoren, anderer Hersteller frei-
zukommen. Ein eigener Dieselmotor wurde in die Entwicklung
aufgenommen. Der Typ KMD 6
war ein 4-Zylinder-Zweitakt-V-
Motor mit Umkehrspülung und
140 PS Leistung. Insgesamt
wurden ab 1952 sechs Fahrzeuge,
Typ KMO 140, mit diesem Motor
ausgerüstet.

1951

Der typische Rahmenomnibus erwies sich bald als wirtschaftlich
unrentabel. Seine Ablösung
durch ein Fahrzeug mit selbsttra-
gendem Aufbau war nur eine
Frage der Zeit. Krauss-Maffei hat
sich rechtzeitig unter Einschal-
tung der Firma NWF bemüht,
eine Konstruktion von Prof. Fok-
ke, dem berühmten Flugzeugkon-
strukteur, für eine eigene Busva-
riante zu überarbeiten. Das Ergebnis war der Leichtbus KML
90, von dem 235 Stück bis 1954
gefertigt wurden.

1952

Als erste dreiachsige dieselhydraulische Rangierlokomotiven
wurden sieben M 400 C an die
Regensburger Hafenbahn geliefert. Sie haben auch 1988 dort
noch den gesamten Betrieb
durchgeführt.

Zwei Fahrzeuge mit Mittelanord-
nung dieses Motors wurden an
die Stadtwerke Dortmund geliefert.

1952

Im November wurde die E 10 001
als eine der Prototyplokomotiven
für das Elektrifizierungspro-
gramm der Deutschen Bundesbahn abgeliefert. Sie hatte bereits die sog. Lemniskatenan-
lenkung der Radsätze, die bei
den Serienlokomotiven nicht verwirklicht, 20 Jahre später bei der
Baureihe 111 jedoch eingeführt
wurde.

1952
Im Rahmen großer Aufträge aus Indien wurden bis 1954 insgesamt 200 meterspurige Streckenlokomotiven der Gattung YP an die Indische Staatsbahn geliefert.

Aufachsen einer YP (bei Krauss-Maffei „Ypsilon-Paula" genannt)

Versandfertig für die Reise nach Indien

Hofprobefahrt einer YP

Die Baureihe YP bei der Montage

1952
Die an die Alti Forni e Acciaerie d'Italia in Genua gelieferte M 200 B hatte sich mit ihrer Leistung von 200 PS und in ihrem Äußeren bereits weitgehend von ihrem Vorbild, der Kleinlok der Deutschen Reichsbahn, gelöst. Gemeinsames Merkmal war jedoch noch der Antrieb über Rollenketten.

1952

Mit der Normalisierung des Wirtschaftslebens nach Überwindung der schlimmsten Nachkriegsjahre bekam die Werbung wieder ihren Stellenwert.

Vor 115 Jahren begann Krauss-Maffei mit dem Bau von Lokomotiven, vor über 25 Jahren mit Straßenfahrzeugen u. Zentrifugen.

KRAUSS-MAFFEI
liefert in alle Welt-

ein überzeugender Beweis für die traditionelle Qualität unserer Arbeit und die Aktualität unserer Konstruktionen.

DAMPFLOKOMOTIVEN
DIESELHYDRAULISCHE
LOKOMOTIVEN
ELEKTRISCHE LOKOMOTIVEN
HECK-OMNIBUSSE
HECK-LEICHTBUSSE
ZENTRIFUGEN
IMPERIAL-FILTER UND
TROCKNER
TAFELGLAS-ZIEHMASCHINEN
FLEISCHEREI-MASCHINEN
MÜLLEREI-WALZEN

Sie erhalten jederzeit Spezial-Prospekte mit allen Leistungszahlen und auf Wunsch ausführliche Angebote.

KRAUSS-MAFFEI
MÜNCHEN

Die neuen Krauss-Maffei-
Hochleistungs-Wölfe
HD 114 und HE 130
haben durch ihre überragenden Leistungen begeisterte Aufnahme gefunden.
Über diese Maschinen und über unsere anderen, bewährten
Fleischerei-Maschinen
gibt Ihnen Ihr Fachhändler gerne Auskunft.

KRAUSS-MAFFEI
MÜNCHEN

KRAUSS-MAFFEI
MÜNCHEN

KRAUSS-MAFFEI
HECKBUSSE
bewährt im Dienst der
Deutschen Bundespost

KRAUSS-MAFFEI
MÜNCHEN

1952
E & Z-Spritzgießmaschine EH 500, handgesteuert, preßwasserhydraulisch angetrieben, Formteilgewicht maximal 300 g.

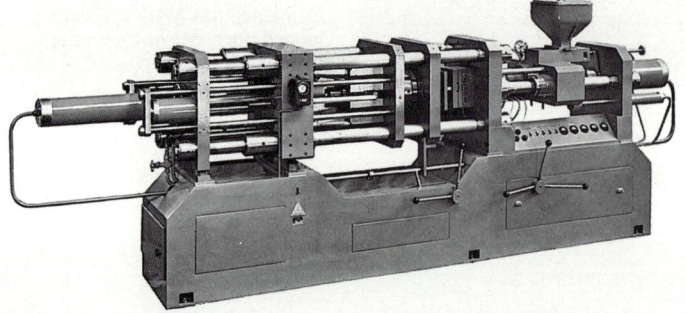

1953
Die chemische Industrie erhielt Saugzellenfilter mit Stirnradantrieb, Waschband und Schnürenabnahme.

1953
Für die Herstellung von Litopone wurden in großer Anzahl Hängebandtrockner mit vier Kammern geliefert.

1953
Die Werksanlagen von Krauss-Maffei in München-Allach haben den 2. Weltkrieg nahezu unbeschädigt überstanden.

1953
Baugleich mit dem KMO 150, aber serienmäßig mit dem luftgekühlten 8-Zylinder-V-Dieselmotor von Deutz ausgerüstet, wurde der Typ KMO 160 vorgestellt, der letzte der Rahmenomnibusse von Krauss-Maffei. Er wurde in Stadt-, Linien- und Reiseausführung geliefert. Das Bild zeigt ein Fahrzeug der Stadtwerke München.

1953
Das Basisfahrzeug in Rahmenbauweise wurde noch einmal überarbeitet und vergrößert. Der Typ KMO 150, von dem 355 Stück gebaut wurden, ging fast ausschließlich an die Deutsche Bundespost, die darauf bestand, ihre Fahrzeuge nur mit Daimler-Benz-Motoren auszurüsten.

1953

Auf der Deutschen Verkehrsausstellung in München wurde die V 200 001 präsentiert.

Die Leichtbauweise ist dem Kastengerippe der V 200 gut anzusehen.

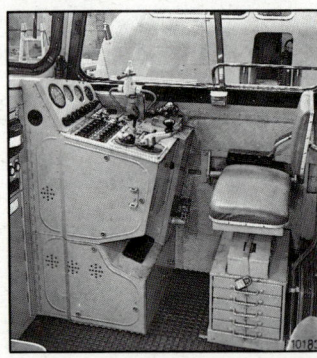

Der Arbeitsplatz des Lokführers auf der V 200

1954

Wie schon beim KMO 130 wurde eine Abart als elektrischer Oberleitungsbus ausgelegt. Er erhielt die Bezeichnung KME 160. Bis 1958 wurden von diesem Typ 27 Stück gebaut.
(Außerdem 29 Fahrzeuge vom früheren Typ KME 130/131.)

1954

Die unzureichende Motorleistung des KML 90 führte noch 1954 zum Einbau des luftgekühlten Motors der Firma Deutz. Dieser bis 1958 gebaute Typ KML 110 wurde in einer Stückzahl von 375 Einheiten hergestellt und bewährte sich. Allerdings erlaubte die Leichtbauweise in ihrer Auslegung kein Eingehen auf Kundenwünsche hinsichtlich der Außengestaltung des Fahrzeugs.

1954
Aus V 2 A-Stahl war dieser Vakuum-Schaufeltrockner mit 1500 mm Durchmesser für Rhodiafoce, Mailand, gefertigt.

1955
Schälzentrifuge HZ 2000 für die Entwässerung von Anthrazen mit regelbarem, an der Gehäuseoberseite angebrachtem Antrieb.

1954
Hochdruckpresse zur Zellstoffentwässerung für die Zellstoff-Fabrik Nettingsdorf in Österreich.

1954
E & Z-Spritzgießmaschine EHS 30 mit vollautomatischer Steuerung und hydraulischem Treibkolbenantrieb durch Elektromotor über Zahnstange.

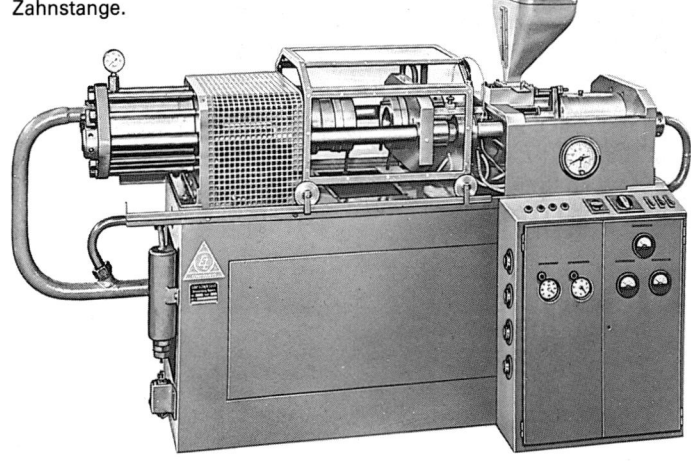

1956
Dieses Saugzellenfilter, Bauart Imperial, mit Haube und beheiztem Trog, ging an Bayer — Uerdingen.

1955
Krauss-Maffei entwickelte und
baute zusammen mit der Deutschen Bundesbahn einen Spezial-
Sattelschlepper, von dem zehn
Stück gefertigt wurden. Konfigu-
ration 6 x 2 mit zwei lenkbaren
Achsen. Er war vor allem mit
Auflieger für den Container-Ver-
kehr vorgesehen. Typenbezeichnung KMS 302.

1956
Die Standardversion der drei-
achsigen Rangierlok mit Stangenantrieb und 400 bis 700 PS
Leistung. Betriebs-Nr. 21 — 25
der Augsburger Localbahn.

1956
Am Bau der Prototypen für die
Standard-Rangierlokomotive der
Deutschen Bundesbahn war auch
Krauss-Maffei beteiligt.

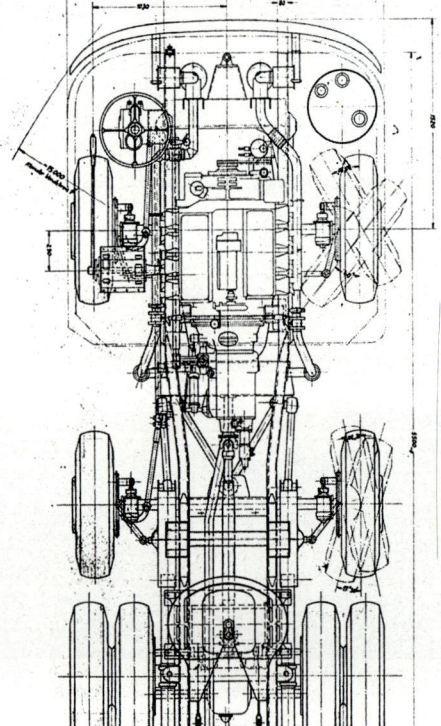

1956
Zum letzten Mal ging eine
Krauss-Maffei-Dampflok auf
Probefahrt. Am 3. April wurde
die 65 018 an die Deutsche
Bundesbahn übergeben.

1957
Rangierlokomotiven der Leistungsklasse 500 bis 700 PS mit Stangenantrieb wurden zur Erhöhung des Reibungsgewichtes auch in vierachsiger Ausführung gebaut. Die ML 550 D, Fabrik-Nr. 18 340, ging als erste Lok dieser Ausführung an die Frankfurter Hafenbahn.

1956/57
Mit den Fabrik-Nr. 18 201 — 18 212 wurden zwölf elektrische Stromrichter-Tagebaulokomotiven mit 1960 kW Leistung und 31 bis 33 t Achsmasse für den Großtagebau „Fortuna" der Rheinischen Braunkohlen-Werke geliefert.

1957
Schwere, sechsachsige elektrische Güterzuglok, Baureihe 50, für die Deutsche Bundesbahn.

1957
Baugleich mit der V 200, wegen des geringeren zulässigen Achsdrucks jedoch sechsachsig ausgeführt, wurden drei Lokomotiven an die Jugoslawische Staatsbahn geliefert.

1957
Der Serienbau der elektrischen Einheitslokomotiven der Baureihen E 10, E 40, E 41 und E 50 für die Deutsche Bundesbahn begann 1956. Anfang November 1957 befand sich die E 10 135 auf Probefahrt.

1957
Krauss-Maffei nahm Verbindung mit einem weiteren Omnibus-Hersteller, Büssing, auf. Dessen Unterfluranordnung der Antriebs-aggregate bot sich vor allem für den Stadtverkehr an. Zusammen mit der Krauss-Maffei Voll-schwing-Vorderachse ergab sich die fortschrittliche Lösung eines Stadtomnibusses. Es wurde aber nur ein Prototyp gebaut. Die Typenbezeichnung lautete KMU 150.

1957
Montage von Saugzellen-trommelfiltern mit 2 m² Filter-fläche in eisengummierter Aus-führung mit Innenverrohrung.

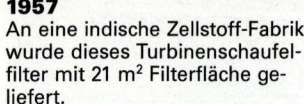

1957
An eine indische Zellstoff-Fabrik wurde dieses Turbinenschaufel-filter mit 21 m² Filterfläche ge-liefert.

1958
M 1200 B'B' der Eisenbahn von Moçambique vor einem Perso-nenzug in Lourenzo Marques. (Fabrik-Nr. 18 495 — 18 499).

1958
Zu den drei Lokomotiven für Jugoslawien wurde auf eigene Rechnung eine vierte gebaut. Sie erhielt, auf 3000 PS gebracht, die Bezeichnung ML 3000 C'C' und absolvierte eindrucksvolle Meß-fahrten auf der Semmering-strecke. Sie wurde 1964 als V 300 001 von der Deutschen Bundesbahn übernommen.

1958
Die Fertigstellung der 100. Excenterpresse für die Maschinenfabrik Weingarten wurde am 23. Dezember gefeiert.

1958
Hartgußwalzen, von der Müllereiwalze bis zur Kunststoff-Kalanderwalze, wurden bei Krauss-Maffei seit 1951 gegossen und einbaufertig bearbeitet. Hier sind zwei Hartgußwalzen zu sehen, mit eingeschrumpften Stahlachsen, 800 mm Durchmesser, 3.200 mm Arbeitsbreite, obere Walze hochglanzpoliert, untere Walze feinstgeschliffen.

1958
Die vollautomatische E & Z-Spritzgießmaschine EH 83 hatte ölhydraulischen Einzelantrieb.

1958
Für die Bearbeitung großer Filtertrommeln gab es keine geeignete Drehbank zu kaufen. Sie wurde deshalb selbst konstruiert und gebaut. Die Spitzenweite beträgt 11 m, der größte Drehdurchmesser 4,5 m. Auf der Abbildung ist die Bearbeitung eines Drehrohrofen-Schusses mit Laufringen für eine Abfall-Verbrennungsanlage zu sehen.

1958
Diese Schubzentrifuge SZ 1200 gehörte zu einer Serie von zehn Maschinen, die zur Aufbereitung von Kalirückständen nach Frankreich geliefert wurde.

1958

Die Situation beim Omnibus wurde für Krauss-Maffei prekär, nachdem alle namhaften Motoren-Hersteller in Deutschland ihre eigenen Produkte auf den Markt brachten. Krauss-Maffei kam dadurch in Abhängigkeit, da keine Antriebsaggregate eigener Entwicklung beigestellt werden konnten. Der Typ KMS 110 in Schalenbauweise, also auch selbsttragend, bekam zwar eine Einzelradaufhängung der Vorder-achse eigener Konstruktion, der Motor jedoch kam aus der Produktion von Daimler-Benz. Die Deutsche Bundespost übernahm fast die gesamte Produktion dieses Typs. 192 Stück wurden gebaut.

1958

Die nicht für die Bundespost bestimmten Fahrzeuge der KMS-Baureihe erhielten serienmäßig den luftgekühlten 6-Zylinder-V-Dieselmotor von Deutz und die Typenbezeichnung KMS 125. Bis 1962 wurden 368 Stück gefertigt und in verschiedenen Städten zur Abwicklung des innerstädtischen Verkehrs eingesetzt.

1959

In Ausschöpfung des vorhandenen Aggregate-Angebots auf dem Nutzfahrzeugsektor kam es zu einer Zusammenarbeit mit der Firma MAN, die ja in unmittelbarer Nähe ihre Fertigungsstätte für Nutzfahrzeuge aufgebaut hat. Beim Typ KMS 120 fanden erstmals Aggregate der Firma MAN Eingang in die Omnibusse von Krauss-Maffei.
MAN-Motor und Hinterachse sowie Krauss-Maffei-Vorderachse bestimmten die Auslegung des Typs KMS 120. Die bewährte Schalenbauweise von Krauss-

Maffei für den Aufbau wurde beibehalten. Bis 1960 wurden 30 Stück ausgeliefert. Sie erschienen im offiziellen Verkaufsprogramm der Firma MAN bereits als MAN-Produkte.

1959

E & Z-Schneckenkolben-Spritzgießmaschine MONOmat 150 mit ölhydraulischem Einzelantrieb und 120 t Schließkraft.

134

1959
Projektzeichnung der Zellstoff- und Papierfabrik RAKTA in Ägypten, die 1961 als erste komplett von Krauss-Maffei gelieferte Zellstoffanlage in Betrieb ging.

1959
Zwei M 440 C in Sonderausführung wurden für die Luandabahn in Angola gebaut.

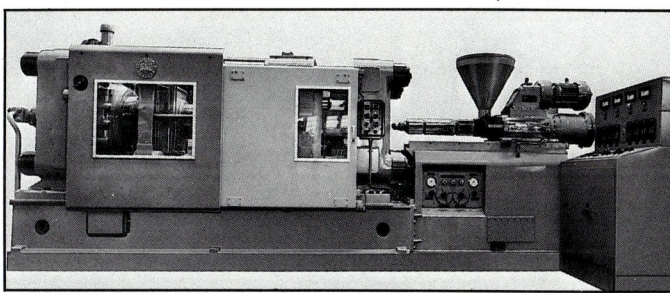

1959
Zwei-Walzen-Sumpftrockner für Neopren, geliefert an Dupont in Nordirland. Aufgrund der gleichmäßigen Filmabnahme durch hochpräzise Walzen galt diese Konstruktion damals als führend.

1959
Diese Krauss-Maffei-Spritzgießmaschine, Typ V 40 mit 550 t Schließkraft, wurde auf der Hannover Messe gezeigt. Sie war die kleinste Krauss-Maffei-Großspritzgießmaschine.

1959
Drei fertig montierte Spritzgießmaschinen, Typ V 90/800.

1959
Diskontinuierlich arbeitender Hochleistungs-Innenmischer GPM 50 zur Produktion von Gummi-Mischungen.

1960
Die Krauss-Maffei-Großspritzgießmaschine, Typ V 74/550, wurde von 1960 bis 1964 gebaut.

1960
Nach Konstruktionsunterlagen von Alsthom gingen 25 Elektrolokomotiven der Gattung BBM 1 mit 2100 kW Leistung an die Indischen Staatsbahnen.

1960
E & Z-Mehrstationen-Spritzgießmaschine CIRCOmat mit sechs vertikalen Schließeinheiten.

1960
Im September stand die V 60 865 im Bahnhof Allach zur Probefahrt nach Schliersee bereit.

1960
Ab 1960 hatte der Bau von Kalandern und Mischwalzwerken zur Herstellung von Folien und Fußbodenbelägen aus Kunststoff große Bedeutung.

1960
Im Auftrag von Telefunken wurden in großer Anzahl Behälter für Hawk-Raketen produziert.

1960
Für die Maschinenfabrik Weingarten wurden in großer Anzahl Karosseriepressen gefertigt. Diese ging im Juni 1960 an Opel.

1960
Zehn Jahre lang wurden im Auftrag von Siemag Walzwerkseinrichtungen gebaut.

1960
Die letzten Krauss-Maffei-Omnibusse mit MAN-Aggregaten wurden an die Deutsche Bundespost geliefert. Der Typ KMS 135 wurde in Reise- und Linienausführung bis 1962 in einer Gesamtstückzahl von 124 Einheiten gefertigt.

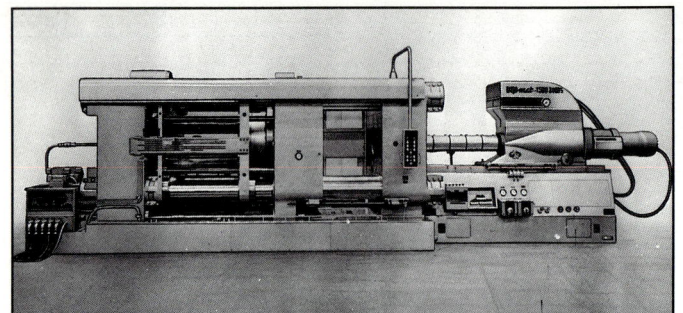

1961
Vollautomatische E & Z-
Schneckenkolben-
Spritzgießmaschine DUOmat
1500 — 3000 S mit ölhydrauli-
schem Einzelantrieb und 1500 t
Schließkraft über Druckkissen.

1962
Blick in die Zentrifugenmontage.
Im Vordergrund Schälzentrifugen
HZ 2001 für Scholven Chemie zur
Entwässerung von Kunststoff-
zwischenprodukten. Sie hatten
als Korossionsschutz säkapheni-
sierte Trommeln.

1961
Je drei der damals stärksten
Diesellokomotiven der Welt mit
4000 PS Leistung gingen an die
nordamerikanischen Eisenbahn-
gesellschaften Denver & Rio
Grande und Southern Pacific. Auf
der Strecke Münster — Emden
wurden vor der Auslieferung umfangreiche Meßfahrten absol-
viert.

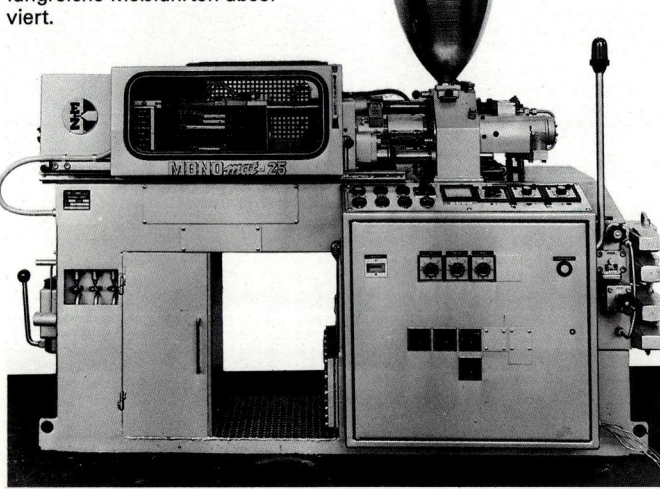

1962
E & Z-Spritzgießautomat
MONOmat 25, für Formteile bis
25 g.

1962
An die BHS Reichenhall wurden
Eindampfanlagen für Salinensalz
geliefert.

1962
Von der für den Nebenbahn- und leichten Hauptbahndienst bestimmten V 100 wurden 50 Stück geliefert (V 100 1274 — 1323). Die Probefahrten führten nach Garmisch.

1962
Die Zusammenarbeit mit MAN wurde mit dem Ziel geändert, daß Krauss-Maffei in Zukunft nur noch als Unterlieferant in der

Omnibusfertigung tätig ist und die Anpassung an das MAN-Fertigungsprogramm einleitet. Bis 1962 wurden an MAN noch 30 Stück des Omnibus-Typs 750 HO R 11 geliefert und eine Wiederaufnahme der Zusammenarbeit mit Büssing erreicht.

1962
Die bei Krauss-Maffei gebauten Tafelglasziehmaschinen für verschiedene Rohbandbreiten waren bis zu zehn Meter hoch.

1963
In den Jahren 1962 bis 1965 wurden noch 150 Stück eines von Büssing entwickelten Reisebusses in München gefertigt.

1963
Die Krauss-Maffei-Großspritzgießmaschinen verhalfen dem Flaschenkasten aus Kunststoff zum Durchbruch.

1963

Mit einem neuen Konzept wurde der Stangenantrieb auch bei Rangier- und Werkslokomotiven zugunsten des Gelenkwellenantriebs verlassen. Anläßlich einer Vorführung war eine der ersten dieser Lokomotiven im Bahnhof Tegernsee zu sehen.

1963

Die Spritzgießmaschine V 195 hatte bereits 1200 t Schließkraft.

1963

Jahr für Jahr entstanden in der „Angerloh-Siedlung", nahe dem Werksgelände, neue Wohnungen für die Mitarbeiter des Unternehmens.

1964

Zusammen mit BBC wurden dieselelektrische Lokomotiven für die Bong Mining Co. in Liberia gebaut.

1964

15 weitere 4000-PS-Lokomotiven in für die USA typischer Bauart gingen an die Southern Pacific Gesellschaft. Die Verladung in Bremerhaven wurde in einem Aquarell festgehalten.

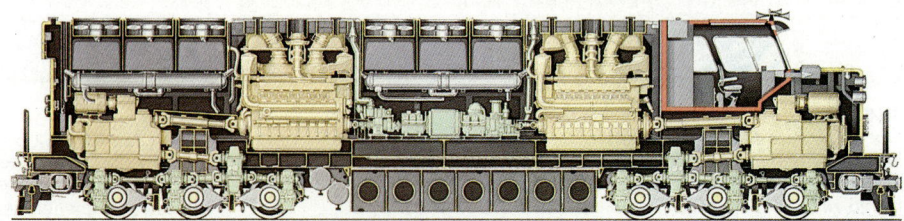

1964
Diese Abbildung verdeutlicht die
gewaltigen Dimensionen der
Großspritzgießmaschine V 350
mit 3000 t Schließkraft.

1964/83
Zur Beförderung der spanischen
TALGO-Züge mit einer Höchstgeschwindigkeit von 180 km/h
lieferte Krauss-Maffei in drei
Serien insgesamt 18 dieselhydraulische Schnellfahrlokomo-
tiven mit Leistungen zwischen
2400 und 4000 PS.

1965
Am 15. Mai wurde die Übergabe
der 100. Großspritzgießmaschine
von Krauss-Maffei an FESCO Inc.,
Pittsburgh, USA, gefeiert.

1965
Die V 200 134 war die 100.
Krauss-Maffei-Lokomotive dieser
Baureihe.

1965

Am 9. September verließ der erste für die Deutsche Bundeswehr in Serie gebaute Kampfpanzer Leopard 1 das Montageband in München.

1965

Bis Juli 1967 wurden insgesamt 1000 Kampfpanzer Leopard 1 des ersten und zweiten Bauloses ausgeliefert.

1966

Die Vereinigten Staaten und die Bundesrepublik Deutschland entschlossen sich, gemeinsam einen Kampfpanzer für ihre Streitkräfte zu entwickeln und zu bauen. Das Konzept sah einen Kampfpanzer vor, der in vielen Komponenten seiner Zeit weit voraus war. Vorwiegend aus Kostengründen wurde 1969 das Projekt MBT 70/ Kampfpanzer 70 aufgegeben.

1966

Die Verwandtschaft mit der V 200 ist bei den an die Spanische Staatsbahn gelieferten Lokomotiven der Serie 4000 nicht zu übersehen. Zehn Stück wurden bei Krauss-Maffei, 22 weitere bei Babcock & Wilcox in Spanien gebaut.

1966/1969
Von der meterspurigen Ausführung der „USA-Lok" gingen 17 Stück an die brasilianische Erzgesellschaft Companhia Vale do Rio Doce.

1967
Anfang der 60er Jahre war auf einem ehemaligen Luftschutz-Bunker aus dem 2. Weltkrieg ein modernes Gebäude für die technischen Abteilungen errichtet worden. 1967 wurden noch zwei Etagen aufgestockt.

1966
Vierachsige Industrielokomotiven wurden nun auch in Drehgestellbauweise geliefert.

1966
Die Spritzgießmaschine V 110/700 war in der zweiten Hälfte der 60er Jahre der wichtigste Umsatzträger in der Krauss-Maffei-Spritzgießmaschinenpalette.

1967
Die E & Z-Spritzgießmaschine MONOmat 500 war eine der größten Eckert & Ziegler-Spritzgießmaschinen. Die Montage erfolgte bei Krauss-Maffei.

1967
Anlage „Zementos Alba" in
Spanien zur Produktion von
Grauzement (1000 t/Tag), gelie-
fert von der Tochterfirma Fellner
& Ziegler, gebaut bei Krauss-
Maffei.

1967
Die Stadt Waiblingen erhielt zur
Abwasseraufbereitung dieses
Trommelsaugzellenfilter mit ab-
laufendem Filtertuch.

1967
Kopf eines Drehrohrofens, ge-
baut für die Tochtergesellschaft
Fellner & Ziegler, als Teil einer
Kalkstickstoff-Anlage, bestehend
aus Drehrohröfen, Mühlen und
indirekten Kühlern, für Terni,
Italien.

1967
Rillenwalzentrockner für die Verarbeitung von Calciumcarbonat
zur Granulierung und Vortrock-
nung vor Teller- und Bandtrock-
nern.

1967
Montage von Vakuumwalzen-
trocknern mit ausfahrbaren Gehäusen für die chemische Industrie in der UdSSR.

1967
500 Kampfpanzer Leopard 1 des
dritten Bauloses folgten. Sie
wurden mit Heißösen zur besseren Verladung ausgerüstet. (Die
Fahrzeuge früherer Baulose
wurden nachgerüstet.)

1967
Die erste Serie der neuen Schälzentrifuge HZ 160 in Spezialaus-
führung mit Reinigungsöffnung
an der Schurre. Die HZ 160
wurde bis 1983 gebaut.

1967
Die V 160 137 beim Zwischenhalt
in Uffing während der Werksprobefahrt nach Garmisch.

Zwei Jahrzehnte steter Innovationen lassen Krauss-Maffei zügig wachsen

Die historisch bedingte Gliederung des Unternehmens in Betrieb, Technik und Vertrieb wurde Mitte 1968 aufgegeben. Eine Beratungsfirma hatte die Bildung von Produktgruppen und voll ergebnisverantwortlichen Geschäftsbereichen sowie von Zentralbereichen empfohlen. Mit dieser bis Ende 1986 fortbestehenden Organisationsform wurde dem inzwischen vollzogenen Wandel von der weitgehenden Monostruktur der Lokomotivfabrik zum diversifizierten Maschinenbauunternehmen mit breitgefächertem Produktionsprogramm Rechnung getragen.

Die Tochtergesellschaften Eckert & Ziegler, Krauss-Maffei-Imperial und Thermovox beendeten ihre eigene Geschäftätigkeit. Sie wurden in die neu gebildeten Geschäftsbereiche

— Kunststoffmaschinen
— Imperial-Verfahrenstechnik
— Lokomotiven und Transportsysteme
— Gießerei und Schmiede sowie
— Wehrtechnik

integriert.

Die Fusion von Fellner & Ziegler mit Krauss-Maffei führte 1969 zum Aufbau des Geschäftsbereichs Anlagenbau mit Aktivitäten auf dem Drehrohrofensektor sowie dem Zellstoff- und dem Kunststoffkalander-Anlagenbau. Im August 1975 wurde dieses Geschäft auf die neu gegründete Imperial-Krauss-Maffei-Industrieanlagenbau (IKMI) übertragen, an der die Deutsche Babcock AG im September 1976 eine Mehrheitsbeteiligung übernahm. Die Firma wurde in Babcock-Krauss-Maffei-Industrieanlagen (BKMI) umbenannt. 1981 gingen auch die restlichen Anteile an die Deutsche Babcock AG.

Der Umsatz der Krauss-Maffei-Gruppe überstieg 1970 erstmals die 500-Millionen-Mark-Grenze. Wehrtechnische Aufträge mit sehr hohem Zulieferanteil ließen 1977 die Milliarden- und 1983 die 2-Milliarden-Umsatz-Grenze überschreiten.

Die Mitarbeiterzahl der Krauss-Maffei-Gruppe liegt seit Mitte der 70er Jahre weitgehend konstant bei knapp 5000 Beschäftigten. Die Belegschaftsstruktur hat sich seither durch die starke Zunahme von Projekt-, Management- und Entwicklungsaufgaben jedoch wesentlich verändert; die gewerblichen Mitarbeiter wurden von den Angestellten der Anzahl nach weit überrundet.

Aufgrund der gegebenen Einzelmaschinen- und Kleinserienfertigung ist der Anteil der Mitarbeiter mit abgeschlossener Fachausbildung bei Krauss-Maffei schon immer außergewöhnlich hoch gewesen. Entsprechendes Gewicht hat die Nachwuchsausbildung.

Im August 1985 kam es zu einer Neuordnung der Gesellschafterstruktur. Der bisherige Mehrheitsgesellschafter, die Buderus AG, Wetzlar, übertrug folgende Anteile auf die

— LfA-Gesellschaft für Vermögensverwaltung mbH, München 25,45%
— RTG-Raketentechnik GmbH, Unterhaching bei München 24,95%
— Dresdner Bank AG, Frankfurt 10,90%
— Deutsche Bank AG, Frankfurt 10,10%
— Bayerische Vereinsbank AG, München 10,00%.

15% der Anteile verblieben bei der Buderus AG, die zur Feldmühle Nobel AG, Düsseldorf, gehört. 3,6% der Anteile befinden sich wie bisher im Streubesitz.

Das Geschäft mit Maschinen zur Verarbeitung von Kunststoffen war Mitte der 70er Jahre durch die Folgen der von den erdölfördernden Staaten vorgenommenen massiven Anhebung des Rohöl-

preises betroffen. Längerfristig konnte dies den Siegeszug der Kunststoffanwendung in so vielfältiger Form jedoch nicht bremsen.

Krauss-Maffei hat seit Anfang der 70er Jahre in Abständen von rund fünf Jahren jeweils entscheidend verbesserte Spritzgießmaschinen-Baureihen auf den Markt gebracht und die Weiterentwicklung der Spritzgießmaschinen-Technik maßgebend mitbestimmt. Besonders erfolgreich war dabei die Weiterentwicklung der Großspritzgießmaschinentechnik zur Herstellung voluminöser Teile insbesondere für die Automobil- und Elektrogeräteindustrie.

Bereits 1968 gab es bei Krauss-Maffei die ersten Überlegungen zum Einsatz der Elektronik für die Steuerung und Regelung von Kunststoffmaschinen. Krauss-Maffei hat hier eigene Wege beschritten, die zur völligen Autarkie bei Entwicklung und Fertigung anspruchsvoller elektronischer Steuerungssysteme führten.

Ein Spezialgebiet der Kunststoffmaschinentechnik war die Herstellung von Rotationsgießmaschinen zur Produktion von Kunststoffhohlkörpern, hervorgegangen aus der 1968 übernommenen Firma Thermovox. Diese Maschinen wurden zunächst mit mäßigem, dann aber einige Jahre mit sehr gutem Erfolg insbesondere zur Herstellung von Heizöltanks aus Kunststoff verkauft. Marktsättigung führte zum Auslauf dieser Produktgruppe.

1968 begann auch die Entwicklung von Maschinen und Systemen zur Verarbeitung von Polyurethan und anderen reaktiven Materialien. Krauss-Maffei hat sich dabei ganz auf die Hochdrucktechnik verlegt, mit richtungsweisenden Konstruktionen dieser Technik zum Durchbruch verholfen und im Laufe der Jahre eine führende Marktstellung erreicht. Bereits 1972 konnte für einen amerikanischen Automobilhersteller eine Anlage zur Herstellung von Automobilstoßstangen aus Polyurethan geliefert werden.

1974
Der bereits um die Jahrhundertwende erworbene umfangreiche
Grundbesitz ermöglichte in direk-
tem Anschluß an das Werksgelände den Ausbau großzügig
angelegter Versuchseinrich-
tungen und Teststrecken.

1971 wurde nach zwei jeweils nicht fortgeführten Anläufen in den 50er und 60er Jahren endgültig mit der Herstellung von Extrudern und Extrusionsanlagen, insbesondere zur Verarbeitung von PVC, begonnen. Die Krauss-Maffei-Doppelschneckenextruder konnten sich am Markt schnell durchsetzen. Von 1974 bis 1980 waren Konstruktion und Vertrieb dieses Arbeitsgebietes zur Tochtergesellschaft Krauss-Maffei Austria ausgelagert.

Seit Oktober 1970 erfolgt der Vertrieb der verfahrenstechnischen Maschinen in Großbritannien durch die Tochtergesellschaft Krauss-Maffei (UK) Ltd., später kam der Vertrieb der Kunststoffmaschinen hinzu. In den USA vertreibt die Krauss-Maffei-Corporation seit 1978 auch Extruder und Polyurethanmaschinen sowie seit 1979 das Programm der Verfahrenstechnik.

Für die Generalüberholung und Reparatur von Kunststoffmaschinen wurde 1985 die KHS Kunststoffmaschinen Handels- und Service GmbH, München, gegründet.

Der Geschäftsbereich Imperial-Verfahrenstechnik — mit der Namensgebung wurde die Tradition der Maschinenfabrik Imperial gewahrt — hat seine Marktposition im In- und Ausland in den 70er und 80er Jahren deutlich ausbauen können. Der Exportanteil lag regelmäßig weit über 50%.

Dazu trug neben der Erschließung weiterer Anwendungsgebiete, wie z.B. der Gefriertrocknung von Kaffee und anderen Produkten, die kontinuierlich betriebene Weiterentwicklung bei Filtern, Trocknern und Zentrifugen bei. Stellvertretend für andere Innovationen seien hier nur die Einführung der Siphonzentrifuge im Jahr 1973 und der Bau von Scheibenfiltern mit 6 Scheiben und 400 m² Filterfläche im Jahr 1975 genannt.

Sehr bald wurde damit begonnen, für umweltbelastende Prozesse alternative Konzepte zu entwickeln, z.B. durch geschlossene Kreisläufe, welche die Freisetzung von Lösungsmitteln verhindern oder durch die Konstruktion von Chemikalienrückgewinnungsanlagen. Bereits 1971 wurden ein mobiles System zur Erfassung und Messung der Luftverschmutzung, „Aerotest" genannt, vorgestellt und 1975 Entwicklung und Bau des Prototyps der Müll-Recycling-Anlage „R 80" erfolgreich abgeschlossen. Für beide Systeme war damals die Zeit jedoch noch nicht reif, so daß ein wirtschaftlicher Erfolg ausblieb.

Wesentlich erfolgreicher verlief ab 1980 der Einsatz von Krauss-Maffei-Vertikalzentrifugen zur Abscheidung von Gips, der in Großfeuerungsanlagen bei der Rauchgasentschwefelung anfällt. Der hier erreichte Marktanteil ist beachtlich. Als weiteres Einsatzgebiet für Krauss-Maffei-Zentrifugen wurde die Aufbereitung von Dünnsäure, die jahrzehntelang insbesondere in die Nordsee verklappt wurde, erschlossen.

Für den Vertrieb verfahrenstechnischer Maschinen und Apparate in Italien wurde im September 1968 die Krauss-Maffei Chemiomeccanica S.p.A. gegründet.

Das in den 70er Jahren recht intensiv betriebene Anlagengeschäft führte neben der Lieferung von Zellstoffanlagen und -apparategruppen u.a. zur Errichtung von Kalkbrenn-, Weißzement- und Sintermagnesitanlagen. Außerdem wurden Verbrennungsanlagen für industrielle Produktionsrückstände gebaut. Besonders zu erwähnen ist die von Krauss-Maffei 1975 für die Gesellschaft zur Beseitigung von Sondermüll in Bayern in Ebenhausen bei Ingolstadt errichtete Verbrennungsanlage.

Der Kalanderanlagenbau verzeichnete in den 70er Jahren zahlreiche Aufträge für Kunststoff-Folien und -platten, u.a. auch aus der UdSSR und Polen.

Die beachtliche Lokomotivproduktion der 50er und 60er Jahre ließ sich mit Auslauf der Beschaffungsprogramme der Deutschen Bundesbahn im Zuge der Umstellung von der Dampf- auf die Elektro- und Dieseltraktion nicht mehr weiter aufrecht erhalten. Hinzu kam, daß sich die Exportmöglichkeiten stark reduzierten, da viele Länder begannen, eine eigene nationale Produktion aufzubauen. Dennoch war bei Krauss-Maffei bis Anfang der 80er Jahre noch eine Grundauslastung mit der Fertigung von Bundesbahnlokomotiven der Baureihen 103, 151 und 160 gegeben. Zuletzt wurde die bei Krauss-Maffei konstruierte Baureihe 111 vom Dezember 1974 bis Mitte 1984 in 94 Exemplaren geliefert.

Mitte 1976 erhielt Krauss-Maffei die Federführung für die Entwicklung des Mechanteils der Bundesbahn-Baureihe 120 in Drehstromtechnik. Die erste Prototyp-Lokomotive wurde am 14. Mai 1979 vorgestellt und im November 1984 der deutschen Lokomotivindustrie ein erster Auftrag über 60 Lokomotiven dieser universell einsetzbaren Baureihe erteilt.

Für den Verkehr auf den Neu- und Ausbaustrecken der Deutschen Bundesbahn wurde ab 1982 der Triebkopf des Intercity Experimental (ICE) unter maßgebender Beteiligung von Krauss-Maffei entwickelt und 1985 erstmals erprobt. Seit 1. Mai 1988 ist der ICE mit 406 km/h der schnellste Zug der Welt.

Spanien erhielt 1964, 1968 und 1983 dieselhydraulische Hochgeschwindigkeitslokomotiven für die berühmten TALGO-Züge und Ende der 70er Jahre Prototypen einer sechsachsigen Elektrolokomotive zum Lizenzbau in Spanien. Auch mit der Türkischen Staatsbahn wurde 1983 ein derartiger Vertrag für dieselelektrische 1000-PS-Lokomotiven geschlossen.

Zunehmende Bedeutung erlangten die Lieferung elektronischer Schutz- und Regelgeräte für die Erhöhung von Sicherheit und Wirtschaftlichkeit im

Bahnverkehr und die Umrüstung von Rangierlokomotiven auf Funkfernsteuerung. Für die Deutsche Bundesbahn konnte ein Rollprüfstand zur Erprobung der Rad-Schiene-Technologie bei hohen Geschwindigkeiten gebaut werden.

Ende der 70er Jahre begann die Entwicklung eines neuen Lokkonzepts dieselelektrischer und dieselhydraulischer Rangierlokomotiven in Modulbauweise.

Mit der Vorstellung des weltweit ersten funktionsfähigen Magnetschwebemodells mit Linearmotorantrieb im Jahr 1969 begann eine Entwicklung, die Krauss-Maffei von nun an weltweite Beachtung sicherte. 1971 konnte auf einer knapp 1000 m langen Versuchsstrecke auf firmeneigenem Gelände die Funktionstüchtigkeit dieses Systems, für das die PR-Abteilung von Krauss-Maffei inzwischen den Namen Magnetbahn „TRANSRAPID" geprägt hatte, mit einem acht Personen fassenden Fahrzeug nachgewiesen werden. Dieser TRANSRAPID 02 erreichte auf der kurzen Strecke bereits eine Höchstgeschwindigkeit von 164 km/h.

In den folgenden Jahren wurde die vom Staat maßgeblich unterstützte Entwicklung der Hochgeschwindigkeitsmagnetbahn von Krauss-Maffei in Zusammenarbeit mit anderen Firmen bis zur Errichtung einer Großversuchsanlage im Emsland vorangetrieben. Dort erreichte der bei Krauss-Maffei entstandene TRANSRAPID 06 Anfang 1988 eine Höchstgeschwindigkeit von 412,6 km/h.

Zum weltweiten Vertrieb der Magnetbahn-Technologie wurde 1982 die TRANSRAPID INTERNATIONAL (TRI) gegründet, an der zu gleichen Teilen neben Krauss-Maffei die Firmen Messerschmitt-Bölkow-Blohm und Thyssen-Henschel beteiligt sind.

Die Anfang der 70er Jahre begonnene Entwicklung des Magnetbahnsystems TRANSURBAN für innerstädtischen Verkehr wurde 1975 eingestellt, da sich nach dem damaligen Stand der Technik kein wirtschaftlicher Betrieb abzeichnete.

Gießerei und Schmiede von Krauss-Maffei waren Ende der 60er Jahre insbesondere durch wehrtechnische Aufträge gut ausgelastet. Zwei neue Lichtbogenöfen zur Stahlerzeugung wurden 1970 in Betrieb genommen. Wenig später kam es jedoch durch konjunkturelle Einflüsse zu starken Einbrüchen beim Kundenguß. Außerdem wurden die Gußtürme der Leopard-Panzer durch geschweißte Türme abgelöst. Diese Entwicklung führte zu einer Konzentration des Produktionsprogrammes auf Stahlguß mit komplizierter Formgebung und schwieriger Materialzusammensetzung.

Der Herstellung von Gehäusen aus hochlegierten Werkstoffen für Dampf- und Gasturbinen folgte ab Anfang der 80er Jahre die Produktion von Gußteilen für Wasserkraftanlagen wie Francis-Laufräder, Pumpenlaufräder und Kaplanschaufeln.

Mit der Errichtung einer hochmodernen Trockenentstaubungsanlage im Jahr 1982 wurde ein wichtiger Beitrag zur Reinhaltung der Luft geleistet und die Voraussetzung geschaffen, die seit 1908 in Allach angesiedelte größte Stahlgießerei Süddeutschlands dort auch künftig betreiben zu können. Die Inbetriebnahme einer MRP-Konverter-Anlage im Jahr 1987 ermöglicht die Herstellung von Stahlguß, der auch höchsten Ansprüchen gerecht wird.

Revierferne und immer mehr sinkende Nachfrage aus dem eigenen Haus führten 1980 zur Schließung der Gesenkschmiede. Der Betrieb der Freiformschmiede konnte noch bis Mitte 1988 aufrecht erhalten werden.

Die Tätigkeit des Generalunternehmers bei den Lieferungen von Kampf- und Flugabwehrpanzern an die Deutsche Bundeswehr und die Streitkräfte von 10 weiteren Nationen hat das Unternehmen in den 70er und 80er Jahren entscheidend geprägt.

1970 kam es zur Überleitung der Entwicklung und Serienreifmachung des deutsch-amerikanischen Kampfpanzer-70-Projekts von der Deutschen Entwicklungsgesellschaft (DEG) zu Krauss-Maffei. Dieses Vorhaben wurde jedoch nicht weiter verfolgt, sondern durch das Projekt Kampfpanzer Leopard 2 abgelöst. Krauss-Maffei konnte sich hierfür nacheinander jeweils gegen schärfste Konkurrenz die Aufträge für die Entwicklung, Serienreifmachung und Serienfertigung sichern. Der Vertrag für die Generalunternehmerschaft zur Serienfertigung des Flugabwehrpanzers Gepard wurde 1972 gegen härteste Konkurrenz erreicht.

Für den Bau und die Integration der Gepard- und Leopard-2-Panzer wurden mit erheblichen Investitionen zeitgemäße Hallen und Testeinrichtungen geschaffen, die nach Auslauf dieser Programme auch für die Hauptinstandsetzung der Fahrzeuge eingesetzt werden.

Mit dem Flugabwehrpanzer-Programm Gepard kam es zu umfangreichen Aufgaben auf dem Gebiet der Systemperipherie (Ersatzteile, Sonderwerkzeuge, Ausbildungsgeräte, Kundendienst, technische Dienstvorschriften).

Anfang 1972 wurden Vertrieb und Verkauf von Teilen, Ersatzteilen und Zubehör für Militärfahrzeuge, Waffenanlagen und Ausbildungsgeräte dem neu gegründeten Tochterunternehmen GLS Gesellschaft für logistischen Service mbH, München, übertragen. Die GLS paßt darüberhinaus bereits im Truppendienst stehende Fahrzeuge durch Modernisierungen und Nachrüstungen künftigen Einsatzanforderungen an.

1968
Übungsgerät Elektronik mit
Lehrerplatz. Krauss-Maffei schuf
im Laufe der Jahre Ausbildungsgeräte für die Instandsetzung.
Das Übungsgestell Elektronik für
den Flakpanzer Gepard umfaßt
alle Baugruppen der Feuerleitanlage. Eine digitale Prozeßelek-
tronik überwacht die Simulatio-
nen des Übungsgerätes.

1968
Mehr als 200 Prallringzentrifugen
wurden weltweit zur Entwässerung von Kunststoffgranulat verkauft.

1968
Der Weg zum Leopard 2 wurde
durch die sog. Experimentalent-
wicklung eingeleitet, von der bei
Krauss-Maffei zwei Prototypen
gebaut wurden. In ihr wurden die
unerfüllten Wünsche der Leo-
pard-1-Benutzer berücksichtigt
und die Machbarkeit ausgelotet.

1968
Als erster NATO-Staat nach der
Bundesrepublik Deutschland entschloß sich das Königreich
Belgien zum Kauf des Leopard 1.
334 Fahrzeuge wurden bis 1971
beschafft, wobei die allerersten
Leopard 1 aus deutschen Beständen stammten.

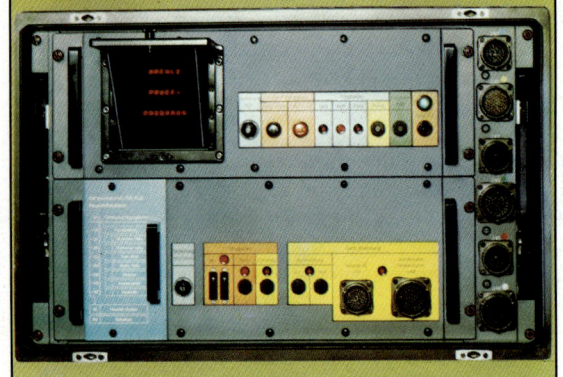

1968
Programmgesteuertes Universal-
Prüfgerät. Es dient der Funktions-
überprüfung und zur Fehlerlokali-
sierung bis auf Baugruppen/
Modulebene in komplexen elektronischen Systemen. Die Daten-
einschübe sind auswechselbar, je
nach Verwendung des Gerätes
für Kampf- und Flakpanzer.

1969
468 Kampfpanzer Leopard 1
gingen bis 1972 an das Königreich der Niederlande. Sie
wurden später durch eine Turmzusatzpanzerung kampfwertge-
steigert. Erstmals war beim Leopard 1 die am Fahrzeug mitge-
führte Ausrüstung in Kästen
untergebracht.

1969
Laugeneindampfanlage der in
Hoti/Pakistan errichteten Anlage
zur Erzeugung von Zellstoff aus
Bagasse mit 82 Tagestonnen
Leistung.

1970
Mit betriebsfähig aufgestellten
Spritzgießmaschinen aller
Schließkraftklassen wurde am
6. Juli das Krauss-Maffei-
Spritzgießmaschinen-Technikum
eröffnet.

1970
Thermoplast-Schaumspritzgieß-
maschine TSG 700 zur Herstellung dickwandiger Teile mit
Schaumstruktur durch Treibgas-
beimischung. Bis 1975 hatte dieses Verfahren einige Bedeutung.
Mit der Vervollkommnung der
Polyurethan-Technik wurde es
verdrängt.

1969
Eine nach Venezuela gelieferte
Anlage zur Trocknung von Harn-
stoff wurde mit diesem pneu-
matischen Trockner PT 5 und
außerdem mit zwei Schubzentrifugen SZ 110 ausgerüstet.

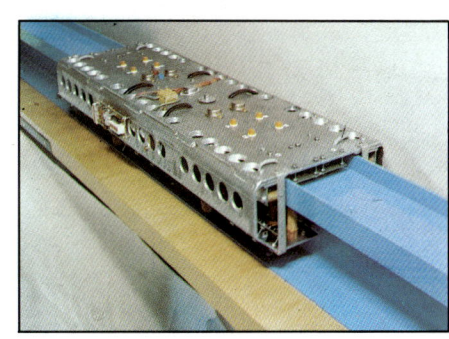

1969
Der TRANSRAPID 01 von Krauss-
Maffei war weltweit das erste voll
funktionsfähige Modell eines von
Elektromagneten getragenen und
geführten Fahrzeugs. Es wurde
durch einen asynchronen Kurzstator-Linearmotor berührungs-
frei angetrieben und steht heute
im Deutschen Museum.

151

1971

Für das von Krauss-Maffei entwickelte Emissions- und Immis-
sions-Control-System (EIC)
„Aerotest" war die Zeit noch
nicht reif, so daß der wirtschaft-
liche Erfolg ausblieb.

1971

Auch die Republik Italien, die sich
sehr aktiv an der Erprobung der
Prototypen beteiligt hatte, ent-
schloß sich zur Einführung des
Kampfpanzers Leopard 1 für ihre
Streitkräfte. 200 Stück wurden in
München gefertigt.
Bis 1980 stellte der Lizenznehmer
Oto-Melara in La Spezia weitere
720 Einheiten für das Italienische
Heer her.

1971

Nach eingehenden Vergleichs-
versuchen, vor allem mit dem
schwedischen Kampfpanzer
103 „S", bestellte das Königreich
Norwegen 78 Kampfpanzer Leopard 1, die bis Juli 1971 ausgeliefert waren.

1970

Mit der Inbetriebnahme von zwei
neuen Lichtbogenöfen zur Stahlerzeugung wurde die Leistungsfähigkeit der Gießerei wesentlich
erhöht.

1971

Von der Dekantierzentrifuge
KVZ 80 wurden mehr als 80 Stück
für die Aufbereitung von DMT
geliefert.

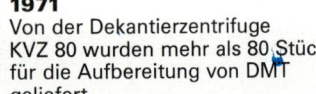

152

1971
Elektrische Schnellfahrloko-
motive Baureihe E 103 für die
Deutsche Bundesbahn.

1972
Für VAW Stade baute Krauss-
Maffei die ersten 100-m²-Trom-
melsaugzellenfilter auf der Welt
für die Rotschlammentwässe-
rung. Diese Filter wurden später
auch an andere Werke in
Deutschland, Italien, Australien
und in den USA geliefert.

1972
An VAW Stade gingen zehn Drei-
Scheiben-Filter für die Entwässe-
rung von Aluminiumhydroxid.

1972
Bandtrockneranlage für Farb-
stoffe.

1971
Der TRANSRAPID 02 war eine
10,7 t schwere Magnetbahn mit
kombiniertem Trag- und Führ-
system und einer Spitzenge-
schwindigkeit von 164 km/h.

1972
Insgesamt vier dieser 10-m²-
Plattenpreßfilter wurden an
Maggi für verschiedene Werke
zur Herstellung von Suppenwürze
geliefert.

1972
Rotationsgießmaschinen für die
Herstellung von Hohlkörpern aus
Kunststoff wurden Anfang der
70er Jahre mit großem Erfolg
verkauft.

1972
Gefriertrocknungsanlage zur Herstellung von Instant-Kaffee,
geliefert an Jacobs-Kaffee,
Hamburg.

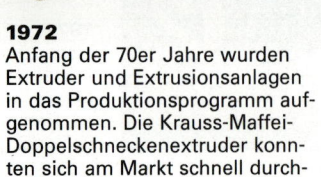

1972
Anfang der 70er Jahre wurden
Extruder und Extrusionsanlagen
in das Produktionsprogramm aufgenommen. Die Krauss-Maffei-
Doppelschneckenextruder konnten sich am Markt schnell durchsetzen.

1972
Eine neue Spritzgießmaschinen-
Baureihe kam auf den Markt, die
in allen Schließkraftklassen unter
der Bezeichnung „KM" verkauft
wurde. Die Marke „E & Z" war
damit erloschen.

1972
Zum Vergleich mit der elektromagnetischen Schwebetechnik wurde das 8 t schwere Luftkissenfahrzeug TRANSRAPID 03 gebaut. Es hatte ebenfalls Linearmotorantrieb und wurde mit einer Höchstgeschwindigkeit von 153 km/h auf der Teststrecke des TRANSRAPID 02 erprobt. Die Entwicklung der Luftkissentechnik wurde 1973 zugunsten einer Weiterverfolgung des elektromagnetischen Schwebens beendet.

1972
Prototyp Kampfpanzer Leopard 2. Von den 17 Prototyp-Türmen wurden zehn mit einer 105-mm-Glattrohrkanone ausgerüstet. Auch bei den Fahrgestellen gab es Alternativen. U.a. wurden zwei der Fahrgestelle mit einer hydropneumatischen Federung versehen.

1973
Der TRANSRAPID 04 war eine 18,4 t schwere Magnetbahn mit Krauss-Maffei-Schwebetechnik, angetrieben durch einen Kurzstator-Linearmotor. Das Fahrzeug wurde in Allach auf einem 2.500 m langen und 4,5 m hoch aufgeständerten Fahrweg mit Kurvenradien von 800 bis 2.400 m erprobt. Es erreichte eine Höchstgeschwindigkeit von 254,3 km/h.

1973
Die erste nach den Richtlinien der nichtbundeseigenen Eisenbahnen standardisierte und erstmals für den Einbau einer Funkfernsteuerung vorbereitete M 700 C wurde auf der Tegernseebahn präsentiert.

1972
Diese Spezial-Reaktionsgießmaschine zur Herstellung von Automobilstoßstangen aus Polyurethan wurde für einen Automobilhersteller in den USA entwickelt.

1973
Für den Personennahverkehr wurde das TRANSURBAN-System entwickelt. Die Erprobung des 12,8 t schweren Magnetschwebefahrzeuges TRANSURBAN 03 mit 12 Sitzplätzen erfolgte auf einem Rundkurs mit zwei Weichen auf dem Werksgelände. Als sich kein Markt für dieses System abzeichnete, wurde die Weiterentwicklung des TRANSURBAN 1975 eingestellt.

1974
Produktionsanlage mit Krauss-Maffei-Spritzgießmaschinen bei einem großen deutschen Verpackungsmittelhersteller.

1973
In England wurde diese Kalkbrennanlage mit einer Leistung von 500 Tagestonnen errichtet.

1973
Prototyp Kampfpanzer Leopard 2. Sieben der Prototyp-Türme wurden mit einer 120-mm-Glattrohrkanone ausgestattet, der späteren Serienbewaffnung des Waffensystems Leopard 2. Im Laufe der Prototyp-Entwicklung wurde eine Vielzahl von Verbesserungen eingebracht und auf ihre Systemverträglichkeit geprüft.

1973
Krauss-Maffei-Großspritzgießmaschinen im Einsatz bei einem bedeutenden deutschen Kunststoffverarbeitungs-Unternehmen.

1973
Kampfpanzer Leopard 1. Vergleich Leopard A2 (rechts) mit Leopard A3.

1974
Die Ende der 60er Jahre in
Basrah/Irak errichtete Anlage zur
Herstellung von Zellstoff aus
Schilf mit 70 Tagestonnen Lei-
stung wurde ab 1974 um 100
Tagestonnen erweitert. Blick auf
die Zellstoffbleiche mit selbst-
saugenden 40-m²-Filtern.

1974
Die kleinste Spritzgießmaschine
der KM-Baureihe war die
KM 25—50.

1974
Sechstes Baulos, Kampfpanzer
Leopard 1 mit integriertem Feuer-
leitsystem und eigenstabilisier-
tem Rundblickperiskop mit IR-
Nachtsichtkanal für den Kommandanten. Offizielle Bezeichnung
Kampfpanzer Leopard A4
(250 Einheiten).

1974
Die erste Lokomotive der Bau-
reihe 111 der Deutschen Bundes-
bahn präsentierte sich vor dem
Zentralstellwerk des Münchner
Hauptbahnhofs.

1974
Mit 80 m² Filterfläche war dieses
Trommelsaugzellenfilter für
Thann et Mulhouse seinerzeit das
größte gummierte Filter der Welt.

1974
Hochdruckanlage zur Verarbei-
tung von Polyurethan mit
Scheren-Formträger.

1975

Blick auf einen Drehrohrofen der
für die Gesellschaft zur Beseitigung von Sondermüll in Bayern
in Ebenhausen bei Ingolstadt errichteten Sondermüllverbren-
nungsanlage. Diese Anlage war
damals die größte und modern-
ste ihrer Art in Europa.

1975

Zerstäubungstrockner ZT 38/4 für
Gichtgaswaschwasser, geliefert
an die Hessischen Berg- und
Hüttenwerke.

1975

Die KM 800 war in den 70er
Jahren die kleinste und meist-
gebaute der Krauss-Maffei-
Großspritzgießmaschinen der
KM-Baureihe.

1975

Die Kampfpanzer Leopard 1 der
ersten vier Baulose wurden in
einer Nachrüstaktion mit einer
Turmzusatzpanzerung versehen,
die den Panzerschutz auf den der
Ausführung A2 anhob.

1976
Elf baugleiche Schälzentrifugen HZ 125 für ein Produkt stehen bei Lonza in der Schweiz.

1976
Das Königreich Dänemark beschaffte bis 1978 120 Fahrzeuge Leopard 1 der Ausführung A3. Die Türme dieser Kampfpanzer sind zur Nachrüstung einer integrierten Feuerleitanlage vorbereitet.

1976
Kampfpanzer Leopard AS 1, Ausführung Australien. Bis November 1978 wurden insgesamt 90 Fahrzeuge mit SABCA-Feuerleitanlage auf die lange Fahrt zum fünften Kontinent verladen.

1976
Auf dem für die Deutsche Bundesbahn gebauten Rollprüfstand zur Erforschung der Rad/Schiene-Technologie wurde ab 1979 auch der Prototyp der Drehstromlok-Baureihe 120 erprobt.

1976
Nach 10jähriger Entwicklungsarbeit wurde der erste Serien-Flakpanzer Gepard der Deutschen Bundeswehr übergeben. Bis September 1980 erhielt die Truppe 420 dieser Fahrzeuge, das erste vollautonome, allwetterfähige Waffensystem seiner Art.

1976
Schon 1974 wurden zwei weitere Studien über eine Verbesserung der Leopard-2-Prototypen in Auftrag gegeben. Grundsätzlich werden die Verstärkung der Panzerung im Bug der Wanne und im Turmbereich, die Vereinfachung der Feuerleitanlage, ein verbesserter Schutz der Munitionsunterbringung und eine minensichere Ausbildung des Wannenbodens angesprochen.

1978
Apparatekombination aus Teller-
aufgabe, Vakuumschleuse und
Vakuumtellertrockner in einem
pharmazeutischen Betrieb.

1977
Auf Spezial-Heißschleifmaschi-
nen erhielten die Krauss-Maffei-
Hartgußwalzen ihre hochpräzise
Oberfläche.

1977
Montage von Großspritzgießmaschinen.

1977
Die niederländische Ausführung
des Flakpanzers, Typ CA 1, erhielt
u.a. eine holländische Radar-
ausrüstung. Bis November 1979
wurden von Krauss-Maffei 95 Einheiten geliefert.

1977
Übergabe des ersten Flakpanzers
Gepard an die belgischen Streit-
kräfte. Insgesamt wurden 55
dieser Waffensysteme an das
Königreich Belgien geliefert.

1978
Schubzentrifugen SZ 11 BL in ver-
schleißfester Ausführung für die
Entwässerung von Kalirückständen.

1978
Mit dem Bau von Mehrfarben-
Spritzgießmaschinen war Krauss-
Maffei besonders erfolgreich. Die
Automobilindustrie verwendet
sie zur Herstellung von drei- und
vierfarbigen Autorückleuchten in
einem Arbeitsgang.

1978
Die Deutsche Bundeswehr erhielt
60 Fahrschulpanzer auf Leo-
pard-1-Basis, für die Krauss-
Maffei die Fahrschulkabinen entwickelt und hergestellt hat.
Die Kabinen werden auch von
anderen Leopard-Benutzerstaaten
verwendet.

1978
Die kanadischen Streitkräfte erhielten bis 1979 114 Leopard C 1
mit SABCA-Feuerleitanlage. Der
Großteil dieser Fahrzeuge ist in
der Bundesrepublik Deutschland
stationiert.

1978
Spezialisiert auf die Herstellung
schwer gießbarer Werkstücke mit
komplizierter Formgebung entwickelte sich die Krauss-Maffei-
Gießerei zur größten Stahlgießerei in Süddeutschland.

1979
Der erste Prototyp der neuen
Drehstromlok-Baureihe 120
wurde am 14. Mai vorgestellt.

1979
Krauss-Maffei-Schleuder- und
Gleitschutzgerät „K-Micro" zur
Verbesserung von Sicherheit und
Wirtschaftlichkeit im Bahnbe-
trieb.

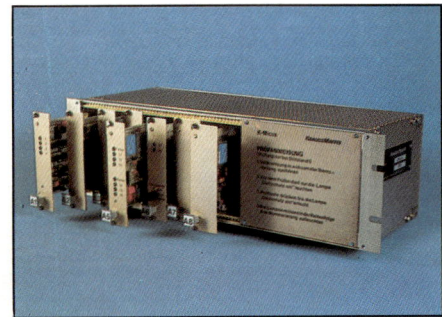

1979
Blick in die Schälvorrichtung
einer Schälzentrifuge HZ 100.

1979
Zur Destillation von Kohle wurde
dieses Druckfilter in die USA
geliefert. Filterfläche 0,72 m².

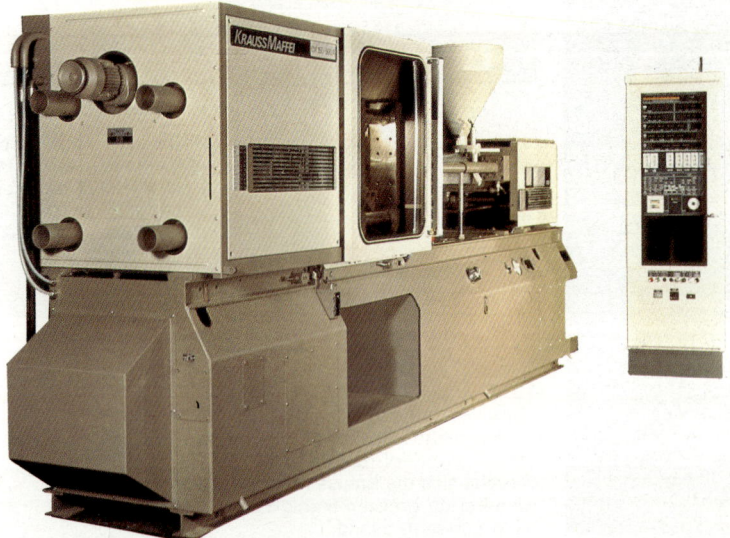

1979
Mit der A-Baureihe wurde in
allen Schließkraftklassen eine
völlig neu konstruierte Spritz-
gießmaschinen-Generation auf
den Markt gebracht.

1979
Mit der Entwicklung dieses Hoch-
leistungsmischkopfes gelang
Krauss-Maffei ein entscheidender
Fortschritt auf dem Gebiet der
Polyurethan-Verarbeitung.

1979
Die Krauss-Maffei Freiformschmiede lieferte Schmiedeteile
bis zu 5 t Stückgewicht.

1979
Die erste für den öffentlichen Betrieb zugelassene Magnetbahn
war der TRANSRAPID 05. Sie
wurde von der Arbeitsgemein-
schaft Krauss-Maffei, Messerschmitt-Bölkow-Blohm und
Thyssen-Henschel zur Demon-
stration des TRANSRAPID-
Systems auf der Internationalen
Verkehrsausstellung in Hamburg
gebaut.

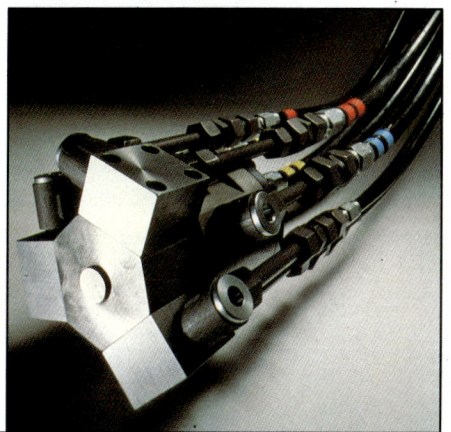

1979
Der vierte Serienpanzer Leopard 2 wurde nach 12jähriger Ent-
wicklungszeit im Herbst termin-
gerecht der Truppe übergeben.
Eine Panzerbesatzung der Lehr-
brigade 9 Munster übernahm das
Fahrzeug in der neu errichteten
Fertigungs- und Integrationshalle
in München.

1981
Montage von Dreisäulenzentrifugen DZU 125 für die Entwässerung von Gips.

1981
Krauss-Maffei Elektrostahlformguß wird vielfältigen Qualitätsprüfungen unterzogen.

1980
Vier dieser Vier-Scheiben-Filter mit 168 m² Filterfläche zur Entwässerung von Erz gingen an einen schwedischen Kunden.

1980
Hochleistungs-Rohrspritzkopf zur Herstellung von Kunststoffrohren. Die angebotene Palette umfaßte den Durchmesserbereich von 12 bis 720 mm.

1980
Mit dieser Batterie von fünf gleichen Schälzentrifugen HZ 160 Si wird in einem britischen Werk Ascorbinsäure aufbereitet.

1981
Sechsachsige Universal-Elektro-
lok von Krauss-Maffei/BBC für
Schnell- und Güterzugbetrieb der
Spanischen Staatsbahn RENFE.

1981
Rangierlokomotive ME05 mit
Drehstrom-Leistungsübertragung
für den Betrieb mit Funkfernsteuerung, geliefert an die Voest
in Linz.

1981
Montage der Misch- und Knet-
welle eines List-Discotherm.

1982
Zur Verkürzung der Durchlaufzeiten wurde die Extrudermontage neu strukturiert.

1981
Waffensystem WILDCAT, Prototyp I, eine Krauss-Maffei-Entwicklung. Ein modular-strukturiertes, autonomes und geschütztes Flugabwehr-System mit zwei 30-mm-Schnellfeuerkanonen. Basis: Modifiziertes 6 × 6-Fahrgestell des TPz FUCHS mit Triebwerk im Heck.

1981
Mit Anlauf des zweiten Bauloses Leopard 2, 450 Stück wurde das Wärmebildgerät serienmäßig eingebaut. Weitere Verbesserungen flossen in die Fertigung ein. Äußerlich erkennbar ist die Verlegung der Tankeinfüllstutzen seitlich nach vorne zu den Nischenbehältern. Das Rundblickperiskop für den Kommandanten wurde etwa 5 cm höher gesetzt.

1982
Das von Krauss-Maffei entwickelte Prinzip der Stahlbiegeweichen für Magnetschnellbahnen wurde auf der TRANSRAPID-Versuchsanlage-Emsland durch Krauss-Maffei einmal als Langsamfahrweiche (Länge 67 m, Biegeradius 500 m) und einmal als Hochgeschwindigkeitsweiche (Länge 132 m, Biegeradius 1815 m) realisiert. In Geradeausrichtung können beide Weichen mit 400 km/h befahren werden.

1982
Das Königreich der Niederlande beschaffte als erster NATO-Partner neben der Bundesrepublik Deutschland den Leopard 2 als Ersatz für die noch vorhandenen Centurion-Bestände. Die Zahl der Änderungen gegenüber der deutschen Ausführung wurde so gering wie möglich gehalten. Offensichtliches äußeres Unterscheidungsmerkmal ist die NL-typische Nebelwurfanlage. Insgesamt wurden 445 Waffensysteme geliefert.

1983
Sechs dieselelektrische Rangierlokomotiven ME 05 mit Drehstromantrieb wurden an die Verkehrsbetriebe Peine-Salzgitter geliefert.

1982
Im Rahmen der deutschen Militärhilfe für die Republik Türkei erhielt dieses Land aus der Neufertigung 77 Kampfpanzer Leopard 1.

1983
Ein Konsortium deutscher Unternehmen hat im Emsland die 31,5 km lange TRANSRAPID-Versuchsanlage-Emsland (TVE) errichtet. Krauss-Maffei war dabei für das Fahrzeug TRANSRAPID 06 verantwortlich, eine 110 t schwere Magnetbahn mit Langstator-Antrieb, ausgelegt für Geschwindigkeiten um 400 km/h.

1983

Diese Drosselklappe aus vergüte-
tem Stahlguß für die Francis-
turbine eines mexikanischen
Wasserkraftwerkes hatte ein Gewicht von 15,3 t.

1983

Als vorläufig letztes Land erwarb
Griechenland für seine Streitkräfte 106 Kampfpanzer Leopard 1. Als erste verließen diese
Fahrzeuge die Produktionsstätten
in Deutschland fabrikseitig mit
einem Mehrflecken-Tarnanstrich.

1983

Krauss-Maffei-Rundtisch-
Maschinen zur Verarbeitung von
Elastomeren, Duroplasten und
Thermoplasten haben bis zu
14 Schließeinheiten.

1983

Die ersten Spritzgießmaschinen
der neuen B-Baureihe — sie löste
die A-Baureihe im unteren
Schließkraftklassenbereich ab —
wurden für Kundenversuche im
Technikum aufgestellt.

1984
Die erste Schubzentrifuge
SZ 90 — 20 mit zylindrisch-koni-
scher Trommel und Schnecken-
eintrag ging an die Donau
Chemie Linz.

1984
Dieselhydraulische Industrieloko-
motive MH 05 in Modulbauweise.

1984
Das Wasserkraftwerk „Unter-
eichen" bei Illertissen wurde mit
diesen Francis-Turbinen-
laufrädern modernisiert.

1985
Blick in einen Tellertrockner.

1984
Montage einer Spritzgießmaschine Typ KM 5400 — 110000 A mit
einer Schließkraft von 54.000 KN
für Artikelgewicht bis 60 kg,
z. B. zur Herstellung von Groß-
behältern.

1985
An die Türkische Staatsbahn (TCDD) wurden 50 dieselelektrische Bo'-Bo'-Rangier- und Streckenlokomotiven geliefert. Ein Teil dieser Loks wurde in der Türkei endmontiert.

1985
Krauss-Maffei-Doppelschnecken-extruder zur Herstellung von Kunststoffprofilen.

1985
Am Bau der Triebköpfe des „Intercity Experimental" war Krauss-Maffei maßgeblich beteiligt.

1985
Kaplan-Laufradschaufeln aus rostfreiem Chrom-Nickel-Stahlguß mit 2500 kg Gewicht je Schaufel für ein Wasserkraftwerk im Irak.

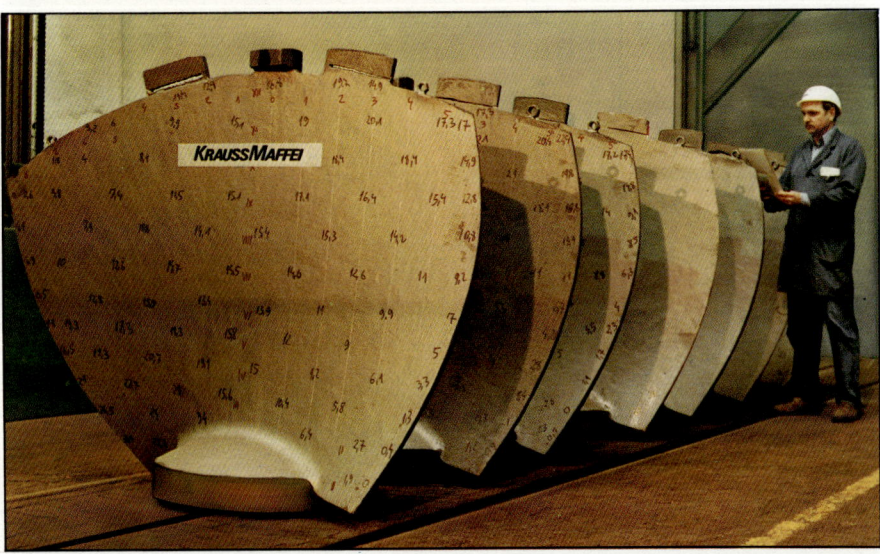

1985
Ab dem fünften Baulos Leopard 2, 370 Stück, wurde ein digitaler Rechner eingebaut. Die Fahrzeuge erhielten ebenfalls eine im Kampfraum untergebrachte Feuerunterdrückungsanlage. Die Munitionsladeluke an der linken Turmseite entfiel ersatzlos.

1985
Der Prototyp des neu entwickelten Flugzeugschleppsystems PTS wurde auf dem Flughafen München-Riem erprobt.

1985
Krauss-Maffei-Spritzgießmaschine KM 2700 zur Herstellung von Automobilstoßstangen bei BMW.

1985
Diese Polyurethananlage zur Herstellung von Automobilsitzen aus unterschiedlich harten Schaumkomponenten wurde nach Australien geliefert.

Krauss-Maffei setzt weiter auf den Fortschritt durch Technik

Nach der Lösung von Krauss-Maffei aus jahrzehntelanger Konzernzugehörigkeit wurden 1986 die Voraussetzungen für die Einführung einer neuen, schlagkräftigen Unternehmensstruktur geschaffen. Dem schnellen und grundlegenden technologischen Wandel, der Humanisierung der Arbeitswelt sowie einem anderen, demokratischeren Rollenverständnis der Mitarbeiter war eine entsprechende Organisationsform nachzuempfinden. Verstärkter Wettbewerbsdruck zwang zur Mobilisierung aller Rationalisierungsreserven, verbunden mit einem höheren Maß an Flexibilität gegenüber dem Kunden. Krauss-Maffei wurde deshalb so ausgerichtet, daß die Verantwortung stärker als zuvor in die operativen Einheiten verlagert wurde.

Seit 1. Januar 1987 werden die Geschäftsbereiche der Krauss-Maffei AG von Betriebsführungsgesellschaften geführt. Über die bereits vorhandenen Geschäftsbereiche hinaus wurde ein neuer Bereich Automationstechnik mit Schwerpunkten auf den Gebieten Steuerungs-, Antriebs- und Prüfstandstechnik geschaffen.

Zentralfunktionen, die übergreifend für alle operativen Gesellschaften tätig sind, wurden der neu gegründeten Krauss-Maffei Dienstleistung GmbH übertragen.

Alleiniger Gesellschafter der Betriebsführungsgesellschaften ist die als Holding fungierende Krauss-Maffei Aktiengesellschaft, die mit diesen Unternehmen jeweils einen Beherrschungsvertrag mit Ergebnisabführungsvereinbarung abgeschlossen hat.

Folgende Gesellschaften handeln im Namen und für Rechnung der Krauss-Maffei AG:

— Krauss-Maffei
  Kunststofftechnik GmbH

— Krauss-Maffei
  Verfahrenstechnik GmbH

— Krauss-Maffei
  Verkehrstechnik GmbH

— Krauss-Maffei
  Gießtechnik GmbH

— Krauss-Maffei
  Automationstechnik GmbH

— Krauss-Maffei
  Wehrtechnik GmbH

— Krauss-Maffei
  Dienstleistung GmbH

Zum 1. Januar 1988 hat Krauss-Maffei die in der Verfahrenstechnik tätigen Unternehmen Flottweg GmbH, Vilsbiburg und Veronesi Separatori S.p.a., Villanova di Castenaso/Bologna, Italien, übernommen. Das Programm der beiden Unternehmen — Dekantierzentrifugen und Separatoren für die Trennung von Flüssigkeiten und Feststoffen — ergänzt die Produktpalette der Krauss-Maffei Verfahrenstechnik GmbH und rundet sie ab.

Nach mehr als 20 Jahren weitgehend gleichmäßiger Auslastung der deutschen panzerbauenden Industrie mit Krauss-Maffei als Generalunternehmer an der Spitze, zeichnete sich ab Mitte der 80er Jahre ein drastischer Rückgang der Auslastung der Fertigungskapazität durch neue Waffensysteme für einen längeren Zeitraum ab.

In Vorbereitung auf diese Situation wurden daher in Eigeninitiative zur Diversifikation der Produktpalette die Entwicklung neuer Fahrzeuge und die Erweiterung der wehrtechnischen Peripherie vorangetrieben. Außerdem erfolgte zur Betreuung der gelieferten Fahrzeuge in der Nutzungsphase eine Anpassung der Instandsetzungskapazität.

Zusätzlich erforderte diese Entwicklung die Forcierung der zivilen Aktivitäten. Es wurde deshalb begonnen, durch konsequente Weiterentwicklung und Erweiterung der Produktpalette sowie durch die Erschließung neuer Absatzmärkte, die Marktstellung außerhalb der Wehrtechnik auszubauen. Besondere Bedeutung haben dabei Konstruktion und Bau kompletter Fertigungssysteme und Produktionsanlagen, z.B. für die Herstellung komplexer Kunststoffteile und -baugruppen oder von Arzneimitteln in geschlossenen Produktionskreisläufen.

Darüber hinaus manifestiert sich Fortschritt durch Technik für Krauss-Maffei im Jubiläumsjahr 1988 und in den Jahren danach im Engagement bei der Projektierung und Lieferung von Maschinen, Anlagen und Systemen zur Vermeidung bzw. zur Beseitigung von Umweltbelastungen.

1988
Das Krauss-Maffei-Werksgelände
im Jubiläumsjahr 1988 mit
München im Hintergrund.

1986

Waffensystem WILDCAT, Prototyp II, Krauss-Maffei-Entwicklung. Ein modular-strukturiertes, autonomes und geschütztes Flugabwehr-System mit zwei 30-mm-Schnellfeuerkanonen.
Basis: 8 × 8-Fahrgestell des Mowag SHARK.

1986

Gepanzertes Mehrzweckfahrzeug PUMA, Prototyp I, Krauss-Maffei-Entwicklung. Hier als 120-mm-Werferträger (System Diehl) mit 4-Rollen-Laufwerk.

1986

Die Panzerfahrschul-Zentren der Deutschen Bundeswehr erhielten 22 Fahrschulpanzer Leopard 2. Sie sind eine verbesserte Ausführung der Fahrschulpanzer auf Leopard-1-Basis. Mit ihnen erfolgt die Vertiefung der Fahrkenntnisse aus dem Fahrsimulator. Auch die Niederlande und die Schweiz haben solche Fahrzeuge beschafft.

1986

Vertikalzentrifugen VZO 125 mit Titus-Schälpneumatik zur automatischen Entleerung in einem pharmazeutischen Betrieb.

1986

Das programmierbare Minenwurfsystem Skorpion ist ein Minenverlegegerät für die Pioniertruppe zum schnellen Errichten von Panzersperren unter Verwendung der Panzermine AT2. Mit 600 Minen kann innerhalb von 5 Minuten eine Minensperre von 1,5 km Länge und 50 — 60 m Breite errichtet werden.
Das US-Trägerfahrzeug M 548 GA 1 wurde vom Bund bereitgestellt. Krauss-Maffei übernahm die Fertigung der Wurfgestelle, die Integration des Gesamtsystems sowie die Auslieferung. Der Gesamtauftrag umfaßte 300 Fahrzeuge, die bis 1988 ausgeliefert waren.

1986
Vertikalzentrifuge VZU 125 mit
Korrosionsschutz durch Halar-
beschichtung.

1986
Flachkulier-Wirkmaschine,
Fabrikat Scheller, mit Krauss-
Maffei-CNC-Steuerung.

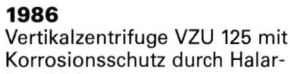

1986
Krauss-Maffei-Vertikalzentrifugen
VZ 160/5G für die Gipsentwässe-
rung bei der Rauchgasentschwefelung einer Großfeuerungs-
anlage.

1986
Im Auftrag bedeutender Automobilhersteller werden Kompo-
nenten-Prüfstände betrieben.

1986
Fahrzeuge aller Art, vom Kampfpanzer bis zum Flugzeugschleppsystem PTS werden in der EMV-
Kabine von Krauss-Maffei auf
ihre elektromagnetische Verträg-
lichkeit geprüft.

1986
Montage einer Gasturbine bei
AEG-Kanis in Essen mit Ge-
häuseschalen von Krauss-Maffei.

1986
Aus der Produktpalette der
Krauss-Maffei-Automations-
technik:
Drehstrom-Servoantrieb und
mpst-Steuerung mit 32-bit-Mikro-
rechnerkarte.

1986
In ein 50-MW-Wasserkraftwerk in
Nepal wurden diese Francis-
Turbinenlaufräder eingebaut.

1986
Formträger mit Werkzeug für
eine Automobil-Frontpartie aus
Polyurethan, ausgestellt auf der
Kunststoffmesse K '86 in Düssel-
dorf.

1986
Die Krauss-Maffei-Rechnersteue-
rung MC 3 brachte entscheidende
Fortschritte für die Steuerung
von Spritzgießmaschinen. Sie ermöglicht die perfekte Produk-
tionsüberwachung.

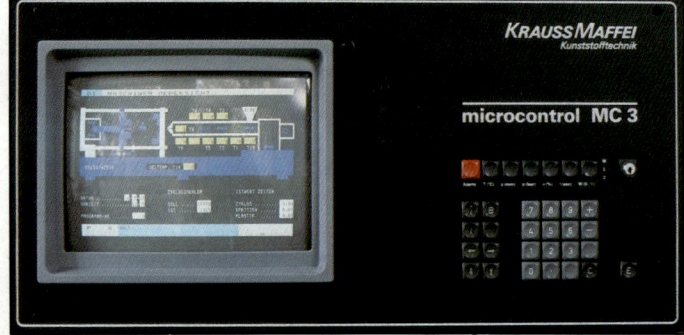

1986
Das Anwendungstechnikum für
Maschinen und Anlagen zur Verarbeitung reaktionsfähiger Kunst-
stoffe wurde wesentlich vergrößert.

1987
Die erste Serienlokomotive Baureihe 120 vor der Übergabe an
die Deutsche Bundesbahn.

1987
Produktionsstätte mit Krauss-
Maffei-Spritzgießmaschinen zur
Herstellung von Compact Discs in
Reinraumtechnik.

1986
Alle namhaften Autorückleuch-
tenhersteller in Europa produzieren auf Krauss-Maffei-Mehr-
farbenspritzgießmaschinen. Mit
einem Großauftrag von General
Motors konnte auch in den USA
Fuß gefaßt werden.

1987
Die elevierbare Plattform (EPLA)
dient zum Einsatz gegen Panzer
und Hubschrauber auf Entfernun-
gen bis 4000 m.
Sie bringt Sichtstrecken- und
Reichweitengewinn sowie verbesserte Deckungsmöglichkeit
durch konsequente Ausnutzung
der 3. Dimension.

1987
Pelton-Laufräder aller Größen werden bei Krauss-Maffei gegossen und einbaufertig bearbeitet.

1987
Mikroprozessor-gesteuerte Extrusionslinie zur Hochgeschwindigkeitsextrusion von Fensterprofilen auf der „Interplas '87" in Birmingham.

1987
Für die Steuerung von Anlagen und Maschinen wird modulare Ein-/Ausgabeperipherie auf VMEbus-Basis geliefert.

1987
Für einen Getriebeprüfstand im Entwicklungszentrum eines bedeutenden Automobilherstellers lieferte Krauss-Maffei die Prozeßsteuerung und die Meßtechnik.

1987
Zentrifugalwirbelschicht-Trockner CEWI in einem Betrieb der chemischen Industrie.

1987
Im Krauss-Maffei-Titus-System zur Herstellung pharmazeutischer Produkte sind alle Verfahrensschritte voll automatisiert.

1987
Die Schweiz erhält von Krauss-Maffei 35 Kampfpanzer 87 — Leopard (Leopard 2) als Vorläufer der in der Schweiz weitergeführten Lizenzfertigung von insgesamt 380 Waffensystemen dieses Typs.

1987
Mit der Inbetriebnahme einer
Konverter-Anlage zur Herstellung
von hochwertigem Stahlguß
nach dem Metal-Refining-
Process-Verfahren konnte die
Leistungsfähigkeit der Krauss-
Maffei-Stahlgießerei nochmals
beträchtlich erhöht werden.

1987
Das Prototyp-Einsatzfahrzeug des
TRANSRAPID-Systems ist der
TRANSRAPID 07. Krauss-Maffei
hat hierfür eine extreme Leichtbauweise angewendet. Die
Wagenkästen bestehen aus Alu-
minium-Strukturen in Verbindung
mit Sandwichbeplankungen auf
der Basis von Wabenkernen. Die
Erprobung dieser 90 t schweren,
zweigliedrigen und aerodyna-
misch hochwertig geformten
Magnetbahn begann im Herbst
1988 im Emsland.

1987
Ober- und Unterteil des Zylinder-
Innenmantels einer 37-t-Mittel-
druckturbine.

1987
Diese Schälzentrifugen HZ 160 Si
arbeiten in einer Anlage, in der
Dünnsäure aufbereitet wird.

1988
Montage des Flugzeugschleppsystems PTS 1 für die Lufthansa
zum Einsatz auf dem Flughafen
Frankfurt.

1987
Rundtischanlage zum Ausschäu-
men von PKW-Armlehnen aus
Polyurethan.

1988
Das sechste Baulos Kampfpanzer
Leopard 2 umfaßt 150 Einheiten.
Äußerlich erkennbar ist dieses
Baulos durch eine außen am
Bugblech vor der Fahrerluke an-
gebrachte Zentralwarnleuchte.
Der Schutzring für das Hilfsziel-
fernrohr wurde verlängert.

1988
Gepanzertes Mehrzweckfahrzeug
PUMA, Prototyp II, eine Krauss-
Maffei-Entwicklung, hier als
Schützenkampfwagen mit KUKA-
bzw. Cockerill-Turm und 25-mm-
Bewaffnung. 5-Rollen-Laufwerk.

1988
Spülmaschinen-Besteckfächer
aus Kunststoff werden bei Miele
vollautomatisch rund um die Uhr
gefertigt.

1988
Die Errichtung kompletter Fertigungssysteme für die Herstellung
komplexer Kunststoffteile ge-
winnt immer mehr an Bedeutung. Zum Beispiel bei der voll-
automatischen Produktion von
Staubsaugergehäusen mit inte-
grierter Qualitätsüberwachung.

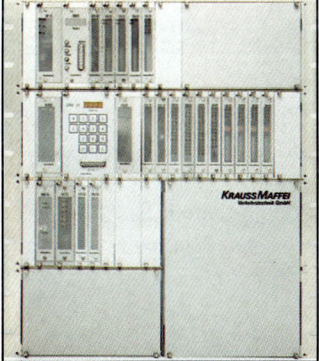

1988
Mikroprozessor-Steuerung KM-
DIREKT mit Diagnoseeinrichtung
zur Steuerung, Regelung, Erfassung und Auswertung aller Sub-
systeme von Lokomotiven.

1988
Doppelschnecken-Extruder mit
der neuen Mikroprozessor-
steuerung MC 3.

1988
Die Großspritzgießmaschinen der
A-Baureihe wurden durch die
M-Baureihe abgelöst. Diese nach
einem völlig neuen Konzept konstruierten Maschinen können
besonders schwere Spritzgieß-
formen zur Präzisionsfertigung
großer und anspruchsvoller
Kunststoffteile aufnehmen.

1988
Nach dem Endausbau der
TRANSRAPID-Versuchsanlage-
Emsland hat die Magnetbahn
TRANSRAPID 06 am 22. Januar
1988 mit 412,6 km/h einen neuen
Geschwindigkeitsrekord für spur-
gebundene Fahrzeuge aufgestellt.

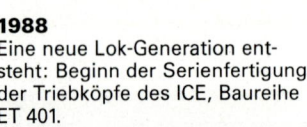

1988
Eine neue Lok-Generation ent-
steht: Beginn der Serienfertigung
der Triebköpfe des ICE, Baureihe
ET 401.

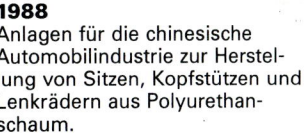

1988
Anlagen für die chinesische
Automobilindustrie zur Herstel-
lung von Sitzen, Kopfstützen und
Lenkrädern aus Polyurethan-
schaum.

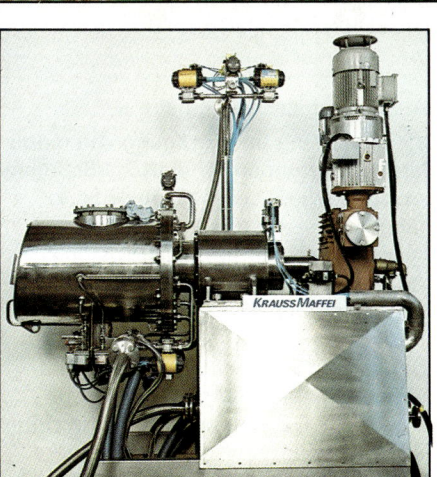

1988
In vielen Produktionsprozessen,
insbesondere der Pharmazie,
wird mit Produkten gearbeitet,
die toxische Bestandteile sowie
gesundheitsschädliche Lösungs-
mittel enthalten. Die Anforderungen, die an eine umweltver-
trägliche Prozeßführung gestellt
werden, sind nur in geschlossenen Produktionskreisläufen zu
erfüllen. Für diese Einsatzzwecke
hat Krauss-Maffei den kompakten
Titus-Nutsch-Trockner entwickelt.
Alle erforderlichen Verfahrensschritte, wie Filtrieren, Waschen,
Extrahieren, Trocknen und Deso-
dorieren werden in einem einzigen Apparat durchgeführt.

Tätigkeitsbereiche
der Krauss-Maffei-Gruppe 1988

Kunststofftechnik

Entwicklung und Fertigung von Spritz-gießmaschinen mit Schließkräften zwischen 600 und 54.000 kN und Hub-volumina zwischen 95 und 110.000 cm^3. Spritzgießmaschinen für die Gummi-, Silikonkautschuk- und Naßpolyester-verarbeitung, Mehrfarbenmaschinen. Flexible Systeme für die Automatisie-rung von Fertigungsabläufen. Hochdruckdosier- und Hochtemperatur-maschinen mit Mischköpfen, Zusatz-einrichtungen und Steuerungen zur Ver-arbeitung von Polyurethan und anderen reaktiven Komponenten, Formenträger, Sonderanlagen und Gesamtsysteme. Ein- und Doppelschneckenextruder, Werkzeugsysteme, Nachfolgeeinrich-tungen, insbesondere zur Herstellung von Rohren und Profilen aller Art.

Verfahrenstechnik

Entwicklung und Fertigung von Filtra-tions- und Sedimentationszentrifugen, Kontakt- und Konvektionstrocknern, Vakuum-Trommelfiltern sowie trenntech-nischen Prozeßlinien mit zugehöriger Peripherie einschließlich Steuer-, Meß- und Regeltechnik. Die Maschinen und Prozeßlinien werden vorwiegend in der Chemie-, Pharma-, Kunststoff-, Grundstoff- und Nahrungs-mittelindustrie sowie für Umweltschutz-aufgaben eingesetzt.

Verkehrstechnik

Entwicklung und Fertigung von elek-trischen, dieselelektrischen und diesel-hydraulischen Lokomotiven für alle Leistungen und Spurweiten. Elektronische Regelsysteme, automa-tische Fahr- und Bremssteuerungen für alle Triebfahrzeuge, maschinentech-nische Anpassung für Funkfernsteue-rungen, Schienenfahrzeugteile. Prüfstände und Simulationsanlagen für höchste Leistungen und Geschwindig-keiten. Trassengebundene Hochge-schwindigkeits-Transportsysteme mit berührungsfreien Trag- und Führungs-einrichtungen (Magnetbahn Transrapid). Flugzeugschleppsystem PTS.

Gießtechnik

Elektro-Stahlformguß höchster Quali-tät, handgeformt; Stahlgußstücke für Wasserkraftanlagen sowie Gas- und Dampfturbinen; Laufräder bzw. Schaufeln für Francis- und Kaplan-turbinen, Peltonräder, Pumpenlaufräder in unlegierten, niedrig- und hoch-legierten Stahlqualitäten einschließlich mechanischer Bearbeitung.

Automationstechnik

Entwicklung und Fertigung von modu-laren Steuerungen für Vielachs-Simultan-Anwendungen, Leitachsbahn-Steue-rungen, Systemen mit integriertem Auswert-Rechner und Zustandsregler. Antriebstechnik für anspruchsvolle Bahnsteuerungen und zeitoptimale Positionierung. Sonderprüfstände für Forschung, Ent-wicklung und Prüfung mit Prozessor-steuerung, Datenerfassung, Auswertung und Dokumentation. Bauteiluntersuchungen und Durchfüh-rung von Messungen im Maschinen- und Fahrzeugbau hinsichtlich Betriebsfestig-keit und Lebensdauer.

Wehrtechnik

Generalunternehmer für die Entwick-lung und Fertigung von Kampfpanzern, Kampfunterstützungsfahrzeugen sowie Flugabwehrsystemen. Entwicklung und Fertigung von System-peripherie für komplexe Waffensysteme wie Ausbildungsgeräte, Simulatoren, Prüfgeräte und Sonderwerkzeuge. Modernisierung und Kampfwertsteige-rung eingeführter Waffensysteme. Planung kompletter Logistiksysteme und Ersatzteilversorgung für gepanzerte Fahrzeuge einschließlich Hauptinstand-setzung. Steuer-, Meß- und Regelsysteme.